내가 법을 새로 만든다면

내가 법을 새로 만든다면

18 지식+진로

이지현 지음

국민주권부터 헌법재판까지 미래를 여는 법 이야기

다른

공부할 분야

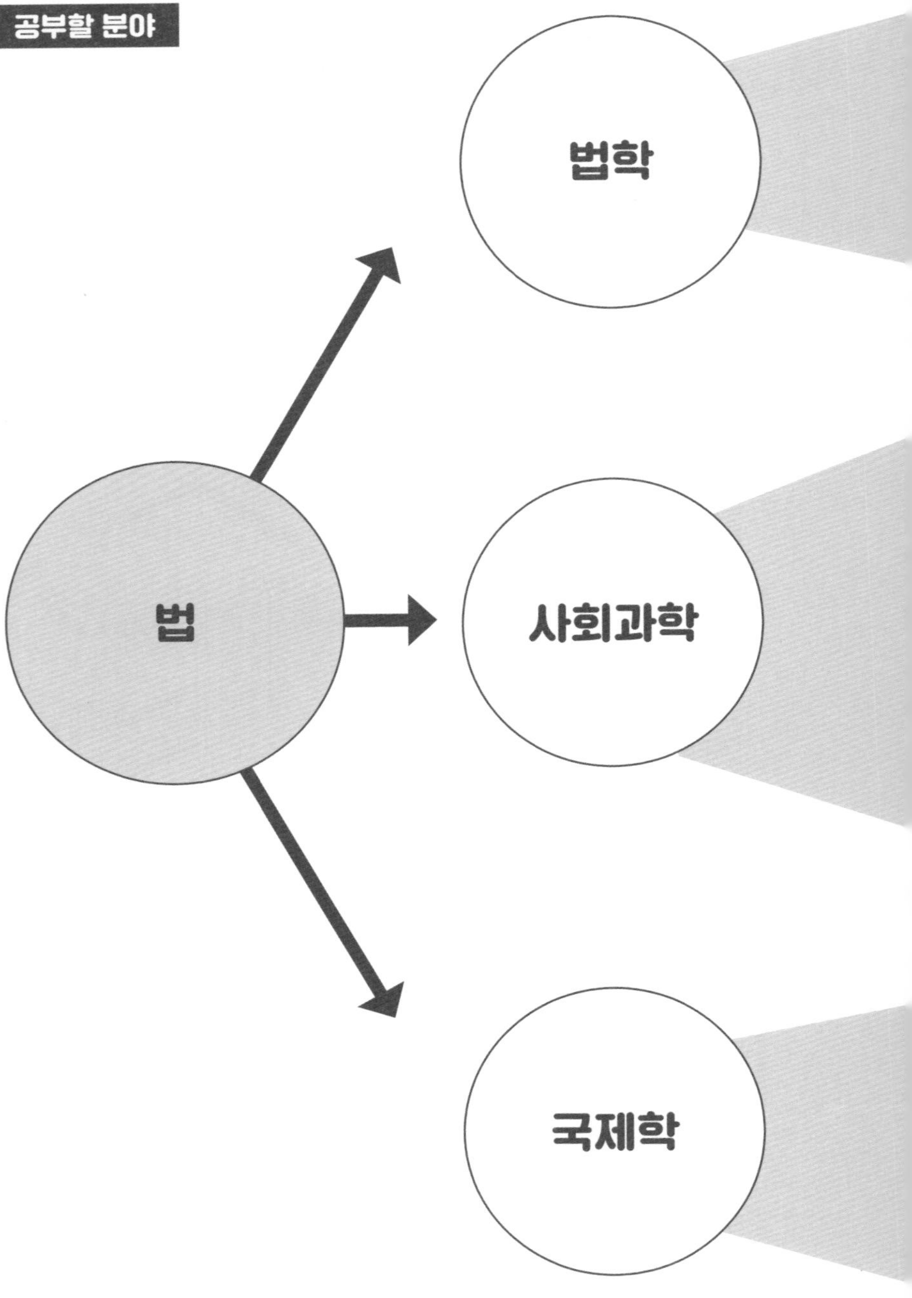

법

법학

사회과학

국제학

헌법학 민법학 형법학 행정법학

행정학 정치외교학 경영학

경제학 사회학 사회복지학

국제관계학 국제법무학

탐색할 진로

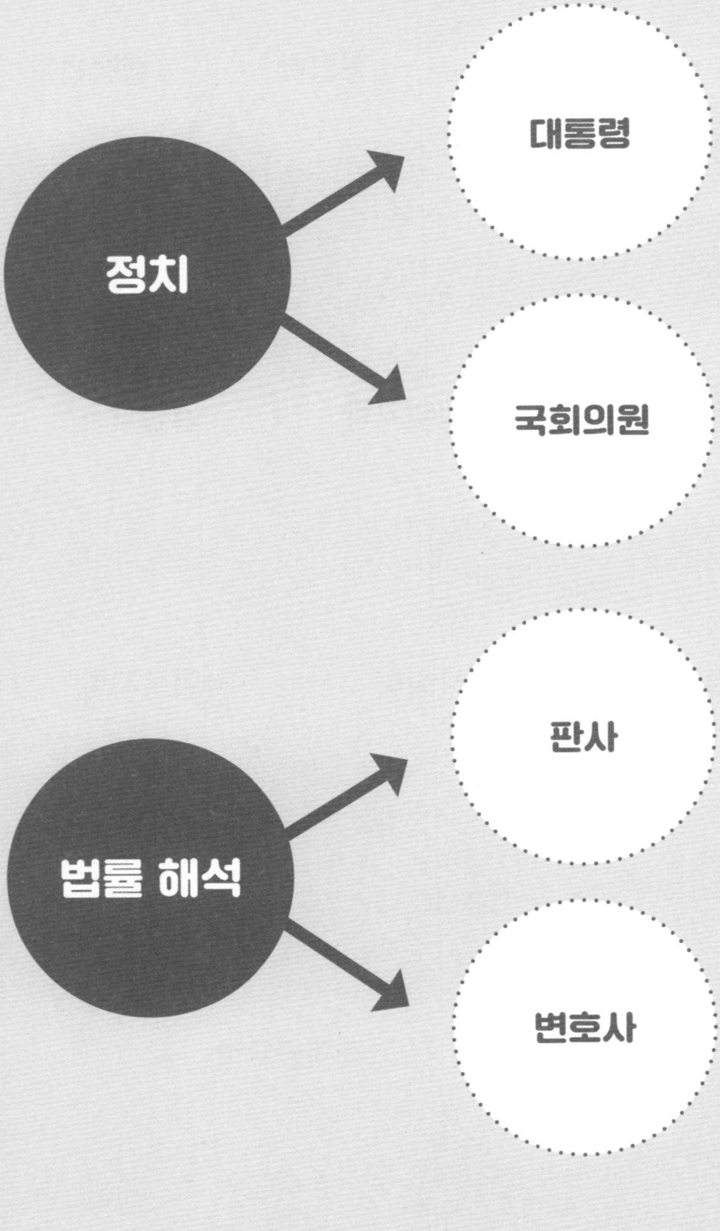

정치

대통령

국회의원

법률 해석

판사

변호사

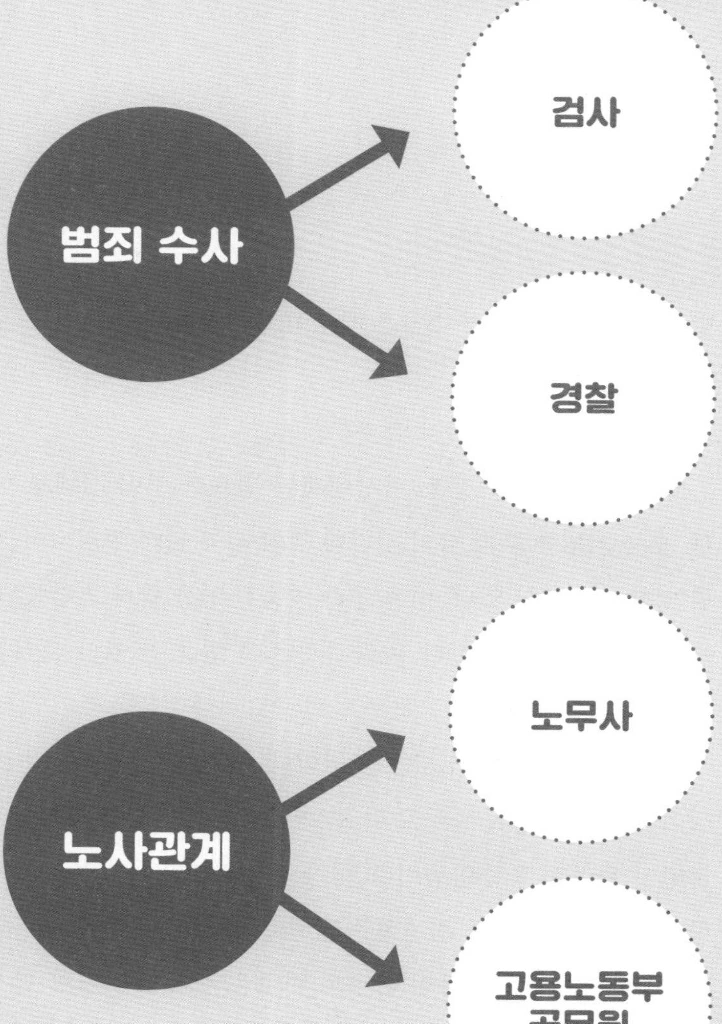

범죄 수사

검사

경찰

노사관계

노무사

고용노동부
공무원

들어가며

| 법과 정의가 통하는 세상

법을 생각하면 갑자기 수많은 질문이 쏟아진다.

"법이란 무엇일까?"

"우리는 왜 법을 알아야 할까?"

법은 공무원이나 경찰, 판사에게만 필요한 것이 절대로 아니다. 오늘날 법은 우리 삶의 전반에 걸쳐 깊고 넓게 연결되어 커다란 영향을 미치고 있다. 법을 몰라 억울한 일을 당하고 잘못된 법으로 피해를 입기도 한다. 따라서 평소에 법을 잘 알아 슬기롭게 대처하고, 잘못된 법을 고치는 일이 중요하다.

그 역할을 하는 것이 바로 국민이다. 과거에는 권력을 가진 자들이 마음대로 법을 만들고 고쳤지만, 오늘날의 민주 사회에서는 국민인 우리가 그 주인공이다. 국가의 중요한 의사결정을 내리는 국회의원이나 재판을 집행하는 법관 역시 국민이 뽑은 대변인이다. 따라서 국민은 그들이 자신의 역할을 잘하도록 항상 감시하고 요구해야 한다.

다른 한편으로 법은 '이야기'라고 할 수 있다. 법을 공부하다 보면 우리는 숱한 사람들의 이야기를 만나게 된다. 그래서 사람들에 대한 사랑과 관심은 법을 공부하는 기초가 된다. 실제로 법은 구체적인 현실 속에서 개개인에게 일어난 사실에 대해 정확한 판단을 하기 위해 만들어졌다.

법은 언뜻 냉정하고 잔인해 보이지만 사실은 다정하고 따뜻하다. 헌법과 민법, 형법, 사회법이라는 이름만 들었을 때는 어렵게만 느껴진다. 하지만 그 속을 들여다보고 법이 만들어진 목적을 알게 되면, 법이야말로 내 말을 잘 들어주고 나를 지켜 주는 가장 든든한 수호천사임을 알 수 있다.

중국의 병법서인 《손자병법》에서는 전쟁에서 승리하는 것 못지않게 어떻게 하면 평화롭게 살 것인가를 고민했다. 이처럼 법이란 다툼과 싸움 그리고 갈등이 끊이지 않는 세상을 어떻게 하면 평화롭게 할 것인가를 공동체가 고민하고 합의해서 만든 시스템이다.

우리는 인간으로 태어났다. 인간은 혼자 살기 어렵다. 그래서 서로가 어울려 공동체를 이루고 살아간다. 우리가 함께하는 세상을 좀 더 행복하게 만들기 위한 노력은 법으로부터 출발한다고 할 수 있다.

그리스 신화에서 최고신 제우스의 형제이자 바다의 신인 포세이돈에게는 끝이 세 갈래로 갈라진 삼지창이 있다. 포세이돈은 이 삼지창을 휘둘러 바닷물을 일으키고 비를 부른다. 법은 거대한 힘을 지닌 포세이돈의 삼지창과 같다. 법을 잘 안다면 더는 힘없는 약자가 아니다. 법이라는 강력한 무기를 손안에 단단히 쥐고 나면 새로운 세상이 펼쳐진다.

이 책을 읽는 모두가 법이란 삼지창을 포세이돈처럼 멋지게 휘두르며 정의롭고 평등한 세상으로 나아가길 바란다. 그리고 나의 이익뿐 아니라 공동체의 이익을 위해 사용할 수 있기를 바란다. 법으로부터 얻은 힘과 용기는 우리가 사는 세상을 더욱 아름답고 따뜻하게 빛나게 할 것이다.

차례

2장 형법, 죄와 벌을 묻고 답하다

3장 민법, 재산과 가족을 보호하다

4장 사회법, 우리 삶을 돌보다

1장

헌법, 나라의 주인을 외치다

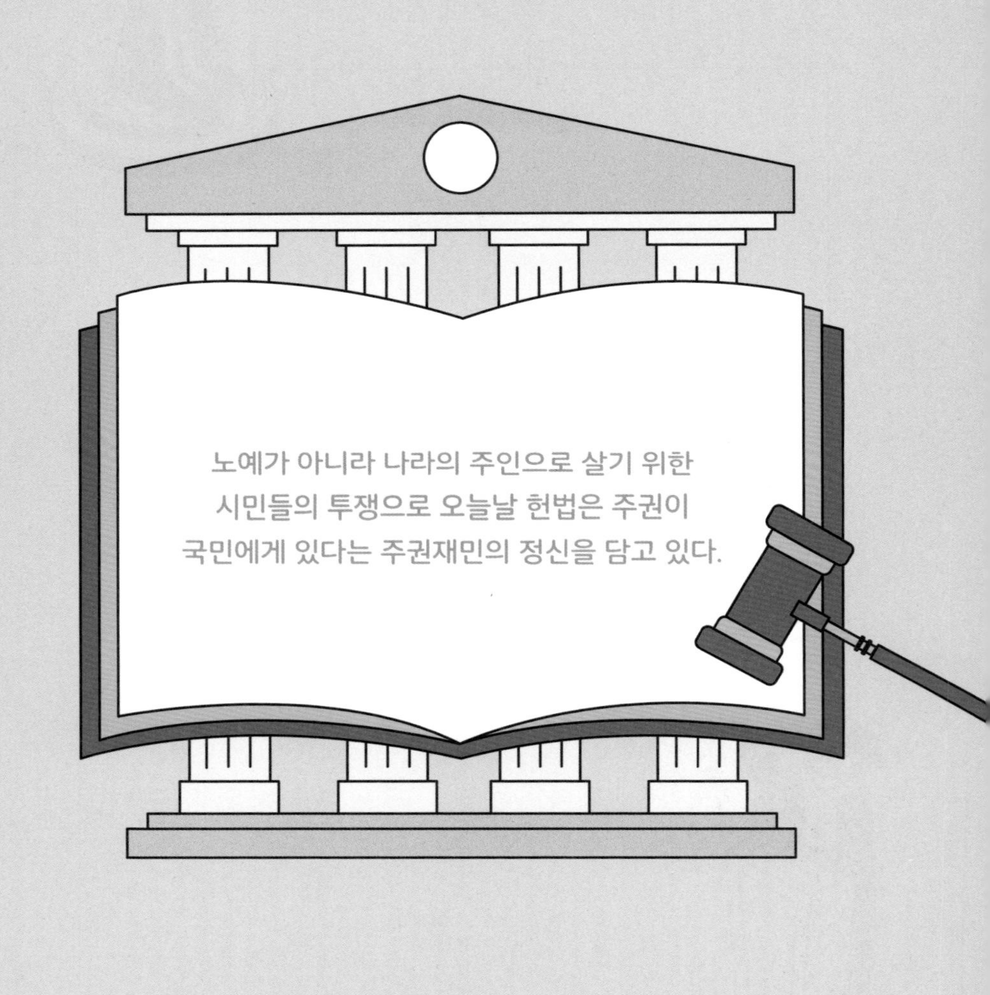
노예가 아니라 나라의 주인으로 살기 위한
시민들의 투쟁으로 오늘날 헌법은 주권이
국민에게 있다는 주권재민의 정신을 담고 있다.

국민이 승리한 왕좌의 게임

고대 이집트 시대에는 막강한 권력을 가진 파라오가 있었다. 파라오는 이집트의 왕이자 신과 같은 존재였다. 왕좌에 앉아 군림하면서 마음대로 백성을 지배하고 나라를 다스렸다. 이집트는 파라오 한 사람을 위해 존재했고 파라오의 나라나 다름없었다.

역사적으로 파라오와 같은 절대 권력은 오랫동안 유지되어 왔다. 중앙집권에 성공한 왕들은 왕권신수설을 당당하게 내세웠다. 자신의 왕위는 신이 준 것이며, 자신은 신을 대신한다는 논리를 앞세워 왕좌를 유지했다. 헌법을 이

중앙집권과 왕권신수설

국가 권력이 한곳에 집중되는 체제를 '중앙집권'이라 하고, 왕의 권력은 신으로부터 나온다는 생각에서 왕의 뜻에 따라 통치하는 것을 '왕권신수설'이라고 한다.

해하기 위해 역사 속 왕좌의 게임을 따라가 보자.

역사를 만든 혁명의 불길

프랑스의 태양왕 루이 14세는 자신을 국가라고 말하며 절대적인 왕권을 자랑했다. 그러나 그는 프랑스를 전쟁으로 몰아갔고, 국민을 굶주리게 만들었으며, 국가 재정을 부도 상태나 다름없는 빚더미에 허덕이게 했다.

그의 뒤를 이은 루이 15세는 1766년 파리고등법원에서 법을 만드는 입법권은 오로지 자신에게만 있고, 법원의 법관들도 자신의 권위를 빌려 법을 집행할 뿐이라고 말했다. 모든 권력이 자신으로부터 나온다는 것을 분명히 밝힌 셈이다.

결국 프랑스에서는 혁명이 일어났고 분노한 시민들의 투쟁으로 200년 넘게 프랑스를 지배한 부르봉 왕조는 무너졌다. 법의 제약을 받지 않던 절대군주는 시민의 힘으로 왕좌에서 쫓겨나야만 했다. 세금을 내지 않고 특권만 누리던 성직자 계급과 귀족 계급도 평민과 시민군에게 무릎을 꿇어야 했다.

우리가 잘 알고 있듯이 루이 16세와 마리 앙투아네트는 프랑스 혁명으로 왕위에서 쫓겨나 단두대에서 처형당했다. 왕좌의 게임에서 승리한 시민들은 봉건제를 철폐했다. 중세 유럽의 봉건제란 왕이 토지를 나눠 준 대가로 영주로부터 충성과 군사적 지원을 받는 통치 제도를 말한다. 오래된 체제를 무너뜨린 후에는 '인

인간과 시민의 권리 선언

모든 주권이 국민에게 있다는 점을 선언함으로써, 주권이 왕에게서 국민에게로 넘어갔다. 흔히 줄여서 '인권 선언'이라고 부른다.

간과 시민의 권리 선언'이 채택되었고 시민들은 기본권을 선언했다.

영국의 시민들은 프랑스보다 먼저 왕좌의 게임에서 승리했다. 절대 왕정에 맞서 피 흘리지 않고 왕권을 헌법의 울타리 안으로 제한하는 입헌군주제를 세운 것이다. 이 과정은 명예혁명이라 불리며 영국의 자부심이 되었다.

미국은 어땠을까? 미국 독립 혁명은 영국의 지배와 착취로부터 벗어나기 위해 일어났다. 미국은 전쟁에서 영국에게 승리하며 자유와 평등의 길을 열었다. 그러나 흑인을 억압하는 계급 철폐는 여전히 이루어지지 않았다. 1860년에 노예제 폐지를 주장한 에이브러햄 링컨이 미국 대통령으로 당선되자 이를 계기로 남북전쟁이 일어났다. 링컨 대통령이 이끄는 북군이 승리하면서 미국의 헌법이 수정되었고 결국 노예제는 공식적으로 폐지되었다.

프랑스의 화가 장피에르 우엘이 그린 〈바스티유 습격〉(1789). 파리 시민이 바스티유 감옥을 습격한 사건은 프랑스 혁명의 불씨가 되었다.

국가의 주인은 국민이다!

혁명의 시기에 볼테르, 샤를 드 몽테스키외 같은 위대한 사상가들이 나타나 시민들에게 큰 영향을 주었다. 이들은 새로운 생각으로 세상을 바꾸려고 했고, 당시에는 상상도 할 수 없던 파격적인 주장을 펼쳤다. 한편으로 이들의 주장은 지금의 관점에서 볼 때 기득권을 일부 인정하는 한계를 보였다.

그러나 장 자크 루소는 이들보다 한 걸음 더 나아가 모든 국민의 평등을 주장했다. 주권은 국가를 이루는 시민에게 있고 절대로 양도할 수 없다는 점을 분명히 했다. 내가 곧 주권자라는 생각은 들불처럼 번져 나갔고, 결국 국민이 승리하는 힘이 되었다. 역사의 전진은 그 누구도 막을 수 없는 거대한 흐름이 되어 인권 선언으로 이어졌다.

그런데 당시에는 일반 시민이 왕과 같은 권력을 누리는 것이 타당한지에 대한 의심은 없었을까? 플라톤은 시민들이 우매하다고 생각했기 때문에 국민이 절대 권력을 가지는 것에 비판적이었다. 자신이 존경하는 스승이자 최고의 철학자였던 소크라테스를 죽음으로 몰고 간 시민들을 믿을 수 없었기 때문이다. 그래서 플라톤은 철인왕, 다시 말해 최고의 철학자가 왕이 되어 나라를 다스려야 한다고 생각했다.

플라톤의 주장은 받아들여졌을까? 시민들의 생각은 플라톤과 달랐다. 그동안 대단한 인물들에게 왕좌가 주어졌지만, 한 사람을 위한 정치와 나라가 얼마나 큰 고통을 가져왔는지를 모두 똑똑히 지켜봤기 때문이다.

왕좌의 게임은 시민이 절대 왕권을 상대로 주권을 쟁취하려는 피의 역사였다. 나라마다 조금씩 달라도 더는 노예가 아니라 나라의 주인으로 살겠다는 목숨을 건 투쟁이었다. 이 투쟁의 성과로 오늘날 헌법은 주권이 국민에게 있다는 주권재민의 정신을 담고 있다.

우리나라에서는 언제 주권재민의 길이 열렸을까? 이것을 제대로 알기 위해서는 일제에 대항한 독립 투쟁 시기로 거슬러 올라가야 한다. 우리나라에서는 항일 독립 투쟁이 바로 유럽의 시민혁명과 같은 역할을 했기 때문이다.

일제에 맞서 우리 민족이 전국적으로 일으킨 3·1운동에는 절대왕조를 넘어 주권재민을 바탕으로 근대 국가를 이루고자 하는 바람이 담겨 있었다. 이 정신은 3·1운동의 성과로 수립된 대한민국 임시정부에 그대로 반영되었다. 앞으로 새롭게 건설할 우리나라는 국민이 주인인 입헌국가임을 분명히 밝힌 것이다. 그 후 독립 투쟁이 계속되면서 이러한 흐름은 더욱 거세졌다.

특히 임시정부의 간부였던 조소앙은 독립운동 과정에서 새로운 대한민국의 앞날을 설계한 인물이다. 그는 좌우로 나뉜 갈등을 해결할 방법을 찾으며 개인과 개인, 민족과 민족, 국가와 국가 사이에 차별 없는 세상을 꿈꾸었다.

3·1운동은 1919년에 일제의 식민 통치에 맞서 일어난 독립 만세 시위로, 전 세계의 독립운동에 큰 영향을 미쳤다.

이러한 정신은 나중에 우리나라 최초의 헌법인 제헌헌법의 전문에도 드러난다. "정치·경제·사회·문화의 모든 영역에 있어서 각인의 기회를 균등히 하고, 능력을 최고도로 발휘케 하며, 각인의 책임과 의무를 완수케 하여"라는 문장이다. 여기서 각인各人이란 각각의 사람을 뜻한다.

우리나라는 1945년 8월 15일에 해방되고 3년이 지난 후에야 제헌헌법을 만들었다. 수많은 어려움을 헤치고 제정된 제헌헌법은 그동안 한 번도 경험해 보지 못한 세상, 국민이 주인인 나라를 만드는 첫걸음이었다. 주권재민을 바탕으로 개인의 자유와 권리를 지키는 발판이 되었다.

민주주의의 기본 원리

민주주의라는 말은 우리에게 친숙한 말이지만 정확한 의미를 모르는 경우가 많다. 민주주의란 무엇일까? '민주'는 국민이 주인이 된다는 뜻이고, '주의'는 중심이 되는 생각이다. 합치면 '국민이 주인이 되는 것이 중심 생각'이라는 뜻이다. 바로 이것이 민주주의의 출발점이다. 민주주의가 제대로 실현되기 위해 필요한 기본 원리는 다음과 같다.

첫째, 국민주권의 원리이다. 대한민국의 주권은 국민인 우리에게 있다. 또한 대한민국의 권력은 국민에게서 나온다. 당연히 최고의 권력을 가진 국민의 뜻을 따르는 것이 민주주의라고 할 수 있다. 국민이 행사하는 정치적 지배는 헌법으로 정당성을 갖추고 있다. 만약 국가 권력이 독재자의 손에 있다면 민주 국가가 아니라 민주주의의 적인 독재 국가가 되는 것이다.

헌법 제1조

② 대한민국의 주권은 국민에게 있고, 모든 권력은 국민으로부터 나온다.

둘째, 입헌주의의 원리이다. 입헌주의는 말 그대로 헌법에 따르는 것이다. 헌법에 따르지 않아도 된다면 독재자는 멋대로 자신의 권력을 더욱 강화하려 할 테고, 이 과정에서 인간다운 삶은 파괴되기 십상이다.

헌법을 바탕으로 민주 정치의 기초가 마련되고 권력이 주어질 때 우리는 비로소 안심하고 살 수 있다. 그렇다면 우리 헌법은 왜 민주주의를 중요하게 생각할까? 그 이유는 민주주의가 인간의 존엄성을 가장 잘 보장해 주는 제도이기 때문이다. 인간의 존엄성은 헌법에서도 가장 중요한 정신 중의 하나이며 민주주의의 핵심이다.

헌법 제10조

모든 국민은 인간으로서의 존엄과 가치를 가지며, 행복을 추구할 권리를 가진다.

셋째, 국민자치의 원리이다. 국민자치란 주권을 가진 국민이 스스로 나라를 다스리는 것이다. 우리 헌법은 민주주의를 실현하기 위한 국민자치 시스템을 만들었다. 그 예로 오늘날 우리는 투표를 통해 나온 다수의 의견에 따라 국민의 대표를 뽑고 의사결정을 내린다.

민주주의에서는 다수의 생각이 굉장히 중요하다. 그러나 다수의 생각이 늘 옳은 것은 아니다. 민주주의 역시 다수의 생각에만 귀를 기울이는 것은 아니다. 다수의 의견에 따라 공동체인 국가의 방향을 결정하지만, 소수의 의견을 함께 존중할 때 비로소 진정한 민주주의를 이룰 수 있기 때문이다. 민주주의 핵심이 인간 존중이라는 점을 기억하자.

민주주의의 종류에는 직접 민주주의와 간접 민주주의가 있다. '직접 민주주의'는 주권을 가진 국민이 공동체가 나아갈 방향을 자신의 의사에 따라 직접 결정하는 방식이다. 직접 민주주의의 시작은 고대 아테네로 거슬러 올라간다. 고대 아테네의 시민들은 공적인 영역에서 목소리를 내고 결정하는 일에 대단한 자부심을 가졌다. 그들은 모두가 함께 모여 자유롭게 토론하며 공동체의 미래를 결정했다.

직접 민주주의를 실현하는 데 시민의 참여는 무엇보다 중요하다. 고대 아테네의 시민들은 광장에서 자신의 의사를 직접 밝히는 것을 최고의 명예로 여겼기 때문에 토론에 활발하게 참여했다. 물론 한계도 있었다. 오직 남성만이 정치에 참여할 수 있었으며 여성은 재산으로 다루어졌다. 여성뿐 아니라 노예, 외국인은 시민이 아니었다.

직접 민주주의는 주권자가 의사결정에 직접 참여한다는 장점이 있다. 하지만 모든 국민이 함께 토론하면서 의사결정을 내리는 것은 사실상 불가능하다. 그래서 국민의 의사를 대변할 대표를 뽑게 되었다. 국민이 의사결정권이라는 거대한 힘을 몇몇 대표자에게 부여한 방식이 바로 '간접 민주주의'이다.

헌법 제41조

① 국회는 국민의 보통·평등·직접·비밀선거에 의하여 선출된 국회의원으로 구성한다.

헌법 제67조

① 대통령은 국민의 보통·평등·직접·비밀선거에 의하여 선출한다.

헌법에 따라 국민은 선거를 통해 자신을 대신할 대통령과 국회의원을 뽑고, 대통령과 국회의원은 국민의 의사에 따라 국가의 중요한 일들을 결정하고 있다. 현재 우리나라는 만 18세 이상이면 투표를 할 수 있다. 또한 2022년에 정당법 개정안이 통과되어

만 16세 이상이면 정당에 가입할 수 있다. 국가 의사결정에 청소년의 의견도 중요해진 것이다.

정당

국민을 위해 정치적 주장과 정책을 추진하고 공직선거의 후보자를 추천하거나 지지함으로써 국민의 정치적 의사 형성에 참여하는 자발적인 조직을 말한다.

넷째, 권력분립의 원리이다. 권력분립이란 국가 권력을 서로 독립된 기관이 나누어 맡는 것을 말한다. 우리나라는 법률을 만드는 입법부, 나라를 운영하는 행정부, 재판을 하는 사법부를 두어 서로 견제하며 국가 권력의 남용을 막도록 하고 있다.

이제 민주 정치를 위한 모든 준비가 끝났다. 그러나 제도가 완벽하더라도 안심할 수는 없다. 국가의 주인인 국민이 민주주의가 제대로 작동하는지 늘 감시하고 지켜보며 참여해야 한다.

헌법이 주는 선물, 기본권

헌법은 우리가 사람답게 살아가는 데 꼭 필요한 것들을 담고 있다. 그중에서도 가장 중요한 것이 바로 기본권이다. 기본권이란 이름 그대로 반드시 있어야 하는 기본적인 권리를 말한다. 대한민국의 법은 헌법에 따라 기본권을 실현하는 것을 목표로 삼아야 하며 이 정신에 반해서는 안 된다. 자유와 평등을 중심으로 기본권을 좀 더 자세히 알아보자.

자유권이란 무엇일까?

자유가 없는 세상은 무시무시한 무간지옥을 떠올리게 한다. 무간지옥의 무간無間은 한자로 '사이가 없다'라는 뜻이다. 쉴 틈이 없거나, 사생활이 없거나, 말을 할 수 없거나, 몸을 움직일 수 없는 상태 등을 생각하면 된다. 자유를 허락하지 않는 무간지옥은 지옥 중에서도 가장 고통스러운 곳이다.

인류의 역사는 자유를 얻기 위한 투쟁의 역사였다. 수많은 사람의 노력으로 얻어 낸 자유권은 대부분의 나라에서 헌법으로 보장되고 있다. 그렇다면 자유권에는 어떤 특징이 있을까?

첫째, 자유권은 천부인권이다. 천부天賦에 쓰인 한자 그대로 '하늘이 준 권리'라는 뜻이다. 그만큼 자유권은 기본권 중에서도 가장 중요한 기본권이다. 《자유론》을 쓴 영국의 경제학자 존 스튜어트 밀은 "자유를 포기할 자유는 없다."라고 말했다. 자유를 포기한다는 것은 인간으로서의 삶을 포기하는 것이기 때문이다.

둘째, 헌법에서 보장하는 자유권은 바로 국가로부터의 자유이다. 국가는 나에게 명령하거나 나를 감시할 수 없다. 내가 밤에 누구를 만나는지, 어떤 사람을 좋아하는지, 심지어 머리 길이를 어떻게 할 것인지 등을 알려고 해선 안 되며 간섭도 하지 말라는 것이다.

과거 우리나라에서는 경찰이 미니스커트를 못 입게 하려고 자를 가지고 다니며 여성의 치마 길이를 쟀다. 남성은 머리카락이 조금이라도 길면 가위질을 당했다. 국가가 공권력을 휘두르며 국민의 치마 길이와 머리 길이를 단속했고, 통행 금지 시간을 정해 이동의 자유를 침해했다.

자유권은 신체의 자유부터 시작해 직업 선택, 학문과 예술 활동에 이르기까지 헌법에서 가장 폭넓게 보호하는 권리다. 특히 신체에 대한 자유가 소중하다. 예를 들어 경찰이 한밤중에 갑자기 집을 찾아와 국민을 감금하고 고문할 수 있다면 우리는 불안과 공포로 매일 밤 편안히 잠들 수 없을 것이다. 신체의 자유는 나의 안전은 물론, 내 마음대로 몸을 움직이는 것까지 포함한다.

역사 속에서 신체의 자유는 독재 국가 아래에서 가장 크게 억압받아 왔다. 독재자는 자신의 권력을 유지하기 위해 죄 없는 시민들을 가두고 고문했으며, 시민들은 자유를 지키기 위해 목숨을 잃기도 했다. 오늘날 신체의 자유는 고문 금지 조항, 미란다 원칙, 영장 제도 등을 통해 여러 부문에서 보호되고 있다.

미란다 원칙

피의자를 체포할 때 헌법상의 권리를 알려 줘야 한다는 원칙이다. 불리한 진술을 거부할 권리, 변호사의 도움을 받을 권리, 체포의 이유를 고지하는 등 피의자가 자신의 권리를 알고 방어할 수 있도록 만들어졌다.

그렇다면 정신적 활동에 대한 자유는 어떨까? 정신적 자유는 양심이나 종교, 학문, 예술 등에 대한 자유를 말한다. 헌법재판소에 따르면 양심은 '강력한 마음의 소리'이다. 그리고 양심의 자유란 양심에 따른 결정을 마음속에서뿐 아니라 밖으로 표현하고 실현할 수 있는 자유를 가리킨다.

국가에서 한 영화를 골라 강제로 보게 하고 다른 영화를 볼 수 없게 한다면 이는 개인의 자유를 빼앗는 것이다. 헌법에서는 국가가 나의 생각, 학문이나 예술 그리고 표현의 자유를 억압하고 감시하는 일을 용납하지 않는다.

자유권은 국가나 공권력의 금지와 간섭에 당당하게 "멈춰!"라고 말할 수 있는 밑바탕이 된다. 나의 자유를 억압하는 것들에 저항하는 일은 국민으로서 당연한 권리이다. 신체의 자유, 사생활의 비밀과 자유, 직업의 자유, 거주·이전의 자유, 언론·출판의 자유, 양심의 자유 등은 누구에게나 지켜져야 한다.

너와 나를 위한 평등권

헌법에서는 법 앞의 평등을 분명히 밝히고 있다. 우리는 모두 다른 부모, 다른 외모, 다른 성별을 가지고 태어난다. 각자의 조건과 환경은 그 사람의 삶에 아주 큰 영향을 끼친다. 바로 여기서 평등의 문제들이 생겨난다. 오늘날처럼 부모의 사회적 지위나 부유함에 따라 잘사는 금수저, 못사는 흙수저가 나뉘는 사회는 진정한 평등 사회가 아니다.

헌법 제11조

① 모든 국민은 법 앞에 평등하다. 누구든지 성별·종교 또는 사회적 신분에 의하여 정치적·경제적·사회적·문화적 생활의 모든 영역에 있어서 차별을 받지 아니한다.

기회를 모두에게 똑같이 주는 것을 '기회의 평등'이라 한다. 오늘날 우리는 기회의 평등에 더해 결과의 평등을 추구하고 있다. '결과의 평등'이란 결과가 고르게 나올 수 있도록 지원하는 것을 말한다.

우리는 작게는 가정부터 크게는 국가까지 서로 다른 환경에서 성장한다. 차이는 누가 더 잘나고 못난 것이 아니라 그 자체로 다른 것이다. 모두가 다른 세상에서 차이에 대한 차별은 사회 구성원 모두를 고통스럽게 할 뿐이다.

만약 누군가 자신과 달리 머리가 짧다는 이유로 나를 차별한다면 무척 황당할 것이다. 이와 마찬가지로 머리를 기르려면 국가의 허락을 받아야 한다거나 장발인 사람에게만 특권을 주는 사회는 절대 좋은 사회가 될 수 없다.

그렇다면 어떻게 해야 진짜 평등한 사회를 만들 수 있을까? 이에 대한 방안이 적극적으로 평등을 실현하자는 의미를 가진 '적극적 평등실현조치'이다. 적극적 평등실현조치는 합리적 차별을 바탕으로 한다. 모두를 마냥 똑같이 대하는 것이 아니라 다른 것은 다르게 대하자는 것이다. 다시 말해 사회적 약자에게 더 좋은 대우를 보장해 주는 차별을 함으로써 실질적인 평등을 이루려는 노력이다.

사회적 약자는 적극적 평등실현조치로 취업, 승진 등에서 일정 비율의 자리나 우선권을 받는다. 적극적 평등실현조치는 사회에 어느 정도 평등이 이루어지면 끝난다.

예를 들어 성차별을 살펴보자. 헌법 제11조에서 모든 국민은 법 앞에 평등하다고 선언하며 성별에 따른 차별을 금지한다. 하지만 성차별은 여전히 우리 사회에서 문제가 되고 있다. 전 세계적으로 여성은 오랫동안 재산으로 여겨졌고 자신의 목소리를 내지 못했다. 투표권을 얻기 위한 여성들의 투쟁은 목숨을 내놓아야 하는 일이었다. 실제로 프랑스의 시민운동가 올랭프 드 구주는 여성의 정치 참여를 주장하다가 단두대에서 처형당했다.

역사에 이름을 남긴 학자인 게오르크 헤겔이나 니콜로 마키아벨리도 여성은 남성보다 부족하고 정책에 대한 결정을 할 수 없는 존재로 생각했다. 위대한 사상가인 루소조차 여성을 남성에게 애교나 부리는 존재 정도로 여겼다. 루소는 《에밀》이라는 책에서 에밀이 이상적인 남성이 되기 위한 교육을 주장했지만, 에밀의 아내가 될 소피는 남편을 기쁘게 해주는 역할이 전부라고 생각했다.

이에 대해 영국의 작가였던 메리 울스턴크래프트는 소피에게도 동등한 교육이 있어야 한다고 주장했다. 남성이 교육을 받는다면 여성에게도 교육이 필요하며 여성도 남성과 동등한 권리를 누려야 한다는 것이다.

우리는 자신의 성을 선택해서 태어나지 않는다. 이제는 성에 대한 새로운 인식이 필요한 시점이다. 법원의 판결에서도 성차별을 인지하는 성인지 감수성의 중요성이 커지고 있다. 우리가 서로의 성을 존중하고 배려할 때 진정한 성평등이 이루어질 것이다.

기본권을 제한할 수 있다고?

우리 헌법에는 자유권과 평등권뿐만 아니라 인간의 존엄과 가치 및 행복추구권, 정치에 참여할 수 있는 참정권 등 기본권이 주는 커다란 선물들이 있다. 하지만 내 기본권을 누리기 위해 다른 사람의 기본권을 침해해서는 안 된다. 울적한 마음을 달래기 위해 노래를 부르는 것은 자유이지만, 한밤중에 마이크를 들고 동네가 떠나가라 큰 소리를 내는 것은 다른 사람들의 평화로운 저녁을 방해하고 기본권을 침해하는 것이다.

우리 헌법은 국가의 안전 보장, 질서 유지와 공공복리에 필요한 경우에는 기본권을 제한할 수 있도록 하고 있다. 국가 안전은 전 국민의 안전을 위해 중요하며, 질서 유지는 사회가 평온할 수 있도록 위험을 막는다. 또한 공공복리란 사회 구성원 전체와 관련된 복지로, 예를 들어 자연환경의 파괴를 막기 위해 특정 구역의 개발을 제한하는 그린벨트가 있다.

헌법 제37조

② 국민의 모든 자유와 권리는 국가안전보장·질서유지 또는 공공복리를 위하여 필요한 경우에 한하여 법률로써 제한할 수 있으며, 제한하는 경우에도 자유와 권리의 본질적인 내용을 침해할 수 없다.

그러나 기본권을 제한하는 것은 반드시 최소한으로 해야 한다. 헌법은 함부로 기본권을 제한할 수 없도록 하고 있다. 만약 어쩔 수 없이 기본권을 제한하는 경우에도 기본권의 본질을 침해할 수는 없다는 점을 꼭 기억해야 한다.

올리버 트위스트와 인권

인권이란 인간이라면 누구나 갖는 권리를 말한다. 식물이나 동물이 갖는 권리와는 다르게 인간만이 누리는 권리라고 할 수 있다.

프랑스 혁명은 1%의 특권층에 맞서 99%의 시민들이 일으킨 혁명이었다. 이러한 역사의 소용돌이는 산업혁명 이후에도 이어졌다. 18세기 후반부터 산업혁명이 일어나 생산력이 크게 늘어났지만, 가난한 사람과 부자 사이의 격차는 더욱 심해졌다. 굶주림과 전염병이 거리를 뒤덮었고, 낮은 임금과 긴 노동시간으로 노동자의 삶은 어려워졌다. 나이가 어려도 일을 해야 하는 현실 속에서 많은 아이들이 죽음으로 내몰렸다.

《올리버 트위스트》는 산업혁명의 중심지인 영국 런던에서 바닥까지 떨어졌던 인권의 모습을 잘 보여 주는 소설이다. 주인공인 올리버 트위스트는 빈민을 구제한다는 명목으로 세워진 구빈원에서 태어났다. 많은 고아가 있는 구빈원의 생활은 열악했다. 배고픔을 참지 못한 트위스트는 구빈원장에게 죽을 더 달라고 했다가 머리를 국자로 맞는다. 죄를 저질렀다는 이유로 어두운 독방

배고픈 아이들을 대표해 트위스트가 죽을 더 달라고 요구하는 장면을 그린 그림

에 갇혀 매를 맞기도 한다. 영국의 국민 작가인 찰스 디킨스가 쓴 이 소설은 산업혁명 이후의 현실을 그대로 그려 냈다는 평가를 받는다.

이처럼 빈부 격차가 심각해지고 사회적 약자의 권리가 짓밟히자 비판과 반성이 일어나기 시작했다. 결국 두 번의 세계대전 이후 인류는 세계 인권 선언을 선포하기에 이르렀다.

세계 인권 선언

제2차 세계대전이 끝나고 1948년 유엔 총회에서 채택되었다. '모든 인간의 존엄성'과 '양도할 수 없는 권리'를 인정하는 것이 세계의 자유, 정의, 평화의 기초라는 내용을 담고 있다.

인간이 인간이기 위해서는 무엇보다 따뜻하게 먹고 잘 수 있는 환경이 갖춰져야 한다. 배를 곪다 죽기 직전까지 간다면 인권을 넘어 생존 자체가 위험해진다. 의식주 문제를 해결함으로써 기본적인 생활을 보장하는 일은 우리의 헌법 정신을 실현하는 데 꼭 필요하다.

예를 들어 너무나 사랑하는 남녀 한 쌍이 있다고 해 보자. 그들은 사랑으로 행복한 결혼식을 올렸다. 그런데 살 곳이 마련되지 않아서 어느 날은 찜질방에서 잤다가 또 어느 날은 피시방을 전전한다. 거리를 떠돌며 다음 날은 어디서 자야 할지 매일 불안에 떨어야 한다면 신혼부부는 행복할 수 있을까? 아무리 사랑해도 주거가 이처럼 불안정하다면 행복하기 어렵다.

남아프리카의 헌법재판소는 노숙자가 잘 곳을 찾아 여기저기 헤매는 것이 노숙자의 존엄성 문제만은 아니라고 보았다. 유엔에서는 주거의 문제 또한 기본적 인권으로 보고 있다.

과거에는 인권을 판단할 때 간섭하지 않는 것을 중요하게 생각했다. 국가가 간섭하지 않고 내버려두는 것이 인권을 위한 일이라고 본 것이다. 오늘날 국가는 인권을 지키기 위해 적극적으로 간섭한다. 굶주린 이를 보고도 내버려두는 것은 그런 굶주림을 부추기는 것과 다름없는 행위이기 때문이다.

인간이 인간이기 위해 의식주는 중요하다. 우리나라에서는 의식주를 해결하기 어려운 사람들을 위한 여러 복지 제도를 마련하고 있지만 아직도 개선의 목소리가 높다. 국가라는 마을에 함께 살고 있는 이웃이 인간의 존엄을 잃지 않고 행복을 누리며 살 수 있도록 서로 지켜 줘야 한다. 그것이 인권이 바다처럼 흐르는 아름다운 대한민국의 시작이 될 것이다.

하나보다 셋이 안전하니까 삼권분립

우리는 대한민국의 주인으로서 헌법상 주권을 지닌다. 유권자로서 한 표의 권리를 행사하며 우리를 대신해서 국가를 운영할 사람을 뽑는다. 그런데 선거가 끝나고 우리가 뽑은 일꾼들이 딴마음을 먹는다면 어떻게 해야 할까?

나를 대신한 권력을 믿어도 될까?

실제로 우리 역사에는 민주주의를 거스르는 사건들이 있었다. 그중 하나가 바로 유신헌법이다. 간단히 말하면 국민을 위해 일하라고 대통령 자리를 주었더니 대통령이 제왕 같은 힘을 만들었던 사건이다.

유신헌법으로 생겨난 통일주체 국민회의는 헌법을 넘어선 최

유신헌법

1972년 10월 17일에 박정희 대통령이 비상조치를 내려 비상국무회의에서 작성한 헌법개정안을 통과시켰는데 이를 유신헌법이라 한다. 유신헌법의 목적은 강력한 독재를 위한 대통령의 장기집권이었다.

고 국가기구였다. 국민이 직접 뽑던 대통령을 통일주체국민회의에서 뽑았고 대통령이 추천하는 국회의원 가운데 3분의 1을 임명하기도 했다.

서울 장충체육관에서 치러진 이른바 체육관 선거에 따라 대통령이 선출되었다. 대통령의 임기는 6년이었으며 임기가 끝난 뒤에 다시 뽑히는 중임에 대한 제한은 없었다. 한마디로 하고 싶을 때까지 대통령을 할 수 있는 구조를 만든 셈이다. 헌법을 뛰어넘는 권력을 바탕으로 독재 세력은 국민을 탄압했고 유신헌법에 대한 저항을 불법행위로 몰아갔으며 언론의 입을 막았다. 그야말로 공포와 침묵의 시대였다.

세계 역사 속에서 국민이 부여한 권력을 정의롭지 못한 방식으로 사용한 경우를 자주 볼 수 있다. 이런 부당한 국가 운영과 혼란에 대비하기 위해서 국민들은 권력을 가질 사람을 직접 선출할 뿐만 아니라, 선출된 사람이 어떻게 권력을 쓰는지 유심히 지켜보고 비판적으로 판단해야 한다.

특히 특정 정당이나 후보에 대한 무조건적인 지지나 묻지 마 투표는 굉장히 위험하다. 유권자는 더 좋은 선택지가 나타나면 언제든지 지지를 철회할 수 있다는 것을 보여 주어야 한다. 또한 개인의 이익을 위해 권력을 함부로 쓰는 경우에는 국가의 주인인 국민들이 앞장서서 바로잡아야 한다.

선거 과정을 조작한 3·15 부정선거를 떨치고 일어난 1960년 4·19혁명부터 유신 체제에 항거한 1979년 부마항쟁, 대통령을 국민의 손으로 직접 뽑을 수 있게 헌법 개정의 흐름을 만들어 낸 1987년 6·10민주항쟁을 우리는 기억해야 한다. 국민이 주인의 역할을 다할 때만이 민주주의를 지켜 낼 수 있기 때문이다.

아돌프 히틀러라는 이름을 들어 봤을 것이다. 히틀러는 전 세계를 전쟁으로 몰아가며 수많은 사람의 목숨을 앗아 갔다. 놀랍게도 히틀러는 독일의 국민 투표에서 92%라는 압도적인 지지율로 당선되었다. 히틀러가 자신의 삶을 책으로 옮긴 《나의 투쟁》은 베스트셀러였으며 그 당시 독일 국민이라면 대다수가 히틀러의 자서전을 읽었다.

그 결과로 잘 알다시피 독일은 전쟁범죄 국가가 되었다. 독일 국민은 스스로 잘못된 지도자를 골랐다. 히틀러의 독재에 저항을 한 것이 아니라 무한한 신뢰를 보냄으로써 인류 역사에 돌이킬 수 없는 상처를 남겼다.

우리는 올바른 대표자를 뽑기 위해 신중해야 한다. 선거로 우리를 대신할 대표자를 뽑는 것에서 끝이 아니다. 투표가 끝난 뒤에는 할 일을 잘하고 있는지 두 눈을 크게 뜨고 지켜봐야 한다. 국민 스스로 헌법 정신을 수호하려는 노력이 중요하다.

균형을 위한 3개의 저울

우리 법에는 권력 독점을 막기 위한 3개의 저울이 있다. 저울은 모두 똑같은 무게를 지니며 어느 쪽으로도 기울어지지 않게 균형이 맞춰져 있다. 3개의 저울은 세 부분으로 나뉜 국가 권력을 뜻한다. 이를 삼권분립이라고 한다.

삼권분립은 각기 독립적으로 서로를 견제하면서 균형을 유지하는 구조이다. 삼권분립의 삼권은 입법, 사법, 행정을 가리킨다. 입법부는 법률을 만드는 국회와 지방 의회이고, 행정부는 나라 살림을 도맡는 정부이며, 사법부는 재판을 하는 법원이다.

헌법 제40조

입법권은 국회에 속한다.

헌법 제66조

④ 행정권은 대통령을 수반으로 하는 정부에 속한다.

헌법 제101조

① 사법권은 법관으로 구성된 법원에 속한다.

삼권분립은 독재를 막고 국민의 자유와 평화를 유지하기 위해서 없어서는 안 될 민주주의 장치이다. 그렇다면 삼권분립을 처음 이야기한 사람은 누구일까? 바로 프랑스의 정치철학자인 샤를 드 몽테스키외이다.

몽테스키외는 《법의 정신》이라는 책에서 한 사람이나 단체에게 입법권과 집행권이 주어질 때 자유란 존재하지 않는다고 말했다. 재판권이 입법권과 집행권에서 분리되지 않을 때도 자유는 없다고 했다. 가장 공명해야 할 재판관조차 권력이 모이면 독재자처럼 힘을 휘두르게 된다. 오늘날 몽테스키외가 말한 집행권은 행정권, 재판권은 사법권으로 볼 수 있다.

몽테스키외가 《법의 정신》에 남긴 경고는 참으로 의미심장하다. 그는 한 사람이나 단체가 입법, 사법, 행정의 권력을 모두 가지게 된다면 아예 '망치고 말 것'이라고 경고했다. 권력이 조금만 나눠지지 않더라도, 공기나 물처럼 꼭 있어야 할 자유권이 사라진다는 것은 엄청난 일이라 할 수 있다. 몽테스키외의 말처럼 그야말로 핵폭탄급 공포가 시작되는 셈이다.

몽테스키외의 주장은 미국 독립 혁명에 커다란 영향을 미쳤고 미국의 수정헌법에 반영되었다. 시민의 자유를 지키기 위한 미국의 헌법 정신이 되었으며 세계의 헌법에 많은 영향을 끼쳤다. 앞쪽에서 살펴본 헌법 조문처럼 우리나라 헌법에서도 삼권분립을 명확하게 밝히고 있다.

그렇다면 실질적인 삼권의 균형과 견제를 이루기 위해 무엇이 필요할까? 국회는 입법부로서 정부가 하는 일을 국정 감사, 국정 조사 등을 통해서 감시하고 국무총리, 대법원장, 대법관 등을 임명할 때 국회의 동의를 받도록 하는 '임명 동의권'을 가진다. 헌법에 보장된 삼권분립에 따라 효과적으로 행정부와 사법부를 견제할 수 있는 것이다. 행정부는 '법률안 거부권'과 법적 처벌을 면하거나 완화하는 '사면권'으로 입법부와 사법부를 견제한다. 사법부는 국회가 만든 법률이 헌법에 어긋나는지 헌법재판소에 위헌법률심사를 공식적으로 요청하고, 행정부의 명령이나 규칙을 살필 '심사권'을 가짐으로써 입법부와 행정부를 견제하고 있다.

어느 쪽으로도 기울지 않는 운동장을 만들어서 권력을 고르게 유지하는 것은 민주주의를 지키고 국민주권을 실현하기 위한 디딤돌이 된다. 삼권분립이 무너지면 독재 정치가 판을 치게 되고 국민의 자유가 사라져 몽테스키외의 말처럼 망하는 일만 남을 것이다. 따라서 삼권분립의 중요성은 여러 번 강조해도 결코 지나치지 않다. 서로가 서로를 견제하는 삼권분립, 우리를 자유롭고 평화롭게 하는 3개의 저울을 기억하자.

법을 만들고 재판하는 기관

국회를 흔히 '민의의 전당'이라고 한다. 국민의 뜻민의을 반영해 법을 만드는 곳이기 때문이다. 그렇다고 해서 국회가 무조건 국민의 신뢰를 받는 것은 아니다. '꼴불견 국회'라는 악명처럼 국회에서 본회의장 문이 부서지고 몸싸움이 일어날 때도 있었다. 국민의 대리인이자 국가의 품격을 보여 줘야 할 국회의원들이 고성을 지르고 폭력을 쓰는 현실은 국민의 한 사람으로서 씁쓸함을 느끼게 한다.

국회의원은 무슨 일을 하며 어떤 특권을 가지고 있을까? 국회의원은 헌법에 따라 불체포 특권과 면책 특권을 지닌다. 불체포 특권은 현행범인 경우를 제외하고는 회기 중 국회의 동의 없이 국회의원을 체포하거나 구금하지 않는 특권을 말한다. 또한 면책 특권에 따라 국회에서 직무상 행한 발언과 표결에 관해 국회 밖에서는 책임을 지지 않는다.

헌법이 국회의원에게 특권을 부여한 이유는 분명하다. 국민의 의사에 따라 법을 만들고, 국민의 대표로서 용감하고 성실하게 책임을 다해야 할 의무가 있기 때문이다. 국회의원이 이러한 특권을 자신의 이익, 인기, 정당을 위해 사용하면 안 되는 것은 너무나 당연한 일이다.

국회의원이 국회에서 하는 일

국회는 법을 만드는 곳이다. 원래는 주권자인 국민이 법을 만들어야 하지만 모든 국민이 그러기에는 현실적인 어려움이 크다. 갑자기 다니던 직장을 그만두고 모두가 법을 만든다면 시간과 노력의 낭비가 엄청날 수밖에 없다.

그래서 만든 제도가 앞에서 살펴본 대의제이다. 대의제는 간접민주주의라고도 부른다. 국회는 국민이 스스로 선출한 대표자가 모여 만들어진다. 국회의원은 걸어 다니는 헌법기관이기 때문에 보좌진이 국회의원의 의사결정을 돕고 있다. 국회는 법률을 만드는 일뿐만 아니라 현실에 맞지 않거나 잘못된 법률을 고치는 일을 한다.

국회 본회의는 전체 국회의원으로 이루어진다. 본회의는 최종 결정을 내리는 회의를 말한다. 본회의에 앞서 국회의원으로 구성

된 위원회에서 미리 심사를 진행한다. 현재 국회법에 따라 위원회는 상임위원회와 특별위원회가 있다.

상임위원회는 복지나 국방, 환경 등 분야를 나눠서 회의를 진행한다. 예를 들어 환경노동위원회는 환경부, 고용노동부와 관련된 사항에 대해 법률과 예산, 국정 감사 등의 직무를 수행한다. 이때 국회의원이 장관이나 차관 등과 질의응답을 한 기록은 모두 국회 속기록으로 남게 된다. 국회의원은 자신이 소속된 상임위원회에 최선을 다해야 한다.

국정 감사가 시작되면 국회의원은 팽팽한 긴장 속에서 행정부에 자료를 요청하고, 국정 현황에 대한 질문과 답변을 주고받는다. 국회의원은 행정부가 일을 제대로 하는지, 정책을 어떤 방향으로 세우고 있는지 꼼꼼하게 확인해야 한다.

국회의원은 헌법에 따라 국가 예산안을 심의하고 확정하는 일도 한다. 행정부가 만든 예산안을 국회에 제출하면 국회는 예산이 적절한지 심사하고 토의한다. 만약 국가 예산이 아무런 검토 없이 그대로 정해진다면 행정부의 독주로 국민의 피 같은 세금은 낭비될 수 밖에 없다. 예산을 다 쓰고 난 뒤에도 행정부가 국민의 세금을 잘 썼는지 심사한다.

국회는 대통령, 국무총리, 국무위원 등에 대한 탄핵소추권을 행사할 수 있다. 탄핵소추권은 일반적인 절차로 징계할 수 없는 고위직 공무원이 위법행위를 했을 경우 국회가 이를 바로잡을 수 있도록 하는 권리이다.

국회의원은 지역구 국회의원과 비례대표 국회의원으로 나뉜다. 지역구 국회의원은 국민이 직접 후보를 투표해 뽑는 반면, 비례대표 국회의원은 국민이 정당에 투표한 비율에 따라 정해진다. 우리나라 국회의원의 수는 최대 300명이며 임기는 4년이다.

국회의원에게는 권리만 있는 것이 아니라 의무도 있다. 먼저 겸직을 해서는 안 된다. 국회의원이 꽃집을 열어 돈을 벌면 겸직 금지 의무를 위반하는 것이다. 국민의 혈세로 월급을 받으며 특권을 누리는 국회의원에게 당연한 의무라고 할 수 있다.

국회의원은 국민을 대변하는 사람인 만큼 청렴할 의무가 있다. 따라서 의사결정 과정에서 국가의 이익을 1순위로 두고 양심에 따라 직무를 수행해야 한다. 또한 국회의원의 힘을 이용해 국가기관, 기업체에 처분을 내릴 때 재산상의 이익 또는 지위를 얻어선 안 된다.

국회에서 하는 일이 많은 만큼 국회의원은 엄청난 권한과 특권을 가지고 있다. 그러나 국회는 국민 위에 군림할 수 없다. 국가의 주인인 국민이 자신의 대리인으로 임명한 자리이기 때문이다. 국회가 진정으로 국민을 위한 국회가 되려면 주인인 우리가 투표로 좋은 일꾼을 뽑아야 한다.

다툼을 해결하는 법원

법원에 갔을 때 일이다. 재판이 끝나고 어둑해질 무렵, 법원을 나왔는데 어떤 여자분이 손수레에 자료를 가득 싣고 법원을 돌아다니고 있었다. 들리는 이야기가 아마도 재판을 받고 억울한 나머지 정신이 잘못된 것이 아니냐는 것이었다. 사연은 잘 모르지만 그분을 보며 가슴이 아팠던 기억이 떠오른다.

우리나라에는 재판에 대해 오래도록 전해지는 말이 있다. 바로 '유전무죄, 무전유죄'이다. 돈이 있으면 죄가 없고, 돈이 없으면 죄가 있다는 뜻이다. 현실에서 법은 있는 자들을 위해 존재할 뿐이라는 지독한 사법 불신을 나타낸다.

사법부가 늘 가슴에 새겨야 하는 한 가지가 있다. 그것은 사법부의 주인이 국민이라는 사실이다. 헌법에 따라 주권자인 국민으로부터 사법부의 힘이 나온다. 따라서 법원은 국민이 억울함을 풀고 공정한 판결을 받을 수 있는 곳이어야 한다.

법원의 최고 상급기관인 대법원은 대법원장 1명과 대법관 13명으로 이루어져 있다. 대법원의 수장인 대법원장은 국회의 동의를 얻어 대통령이 임명한다. 대법원에서 판결을 내리는 대법관은 대법원장의 제청으로 임명 절차가 시작되며 대통령이 국회의 동의를 얻어 임명한다. 임기는 각각 6년이며 대법원장은 임기가 끝난 뒤 중임을 할 수 없지만 대법관은 연이어 취임할 수 있다.

대법원장과 대법관이 아닌 법관은 '판사'라 부르며 판사의 임기는 10년이다. 사법부의 힘이 국민으로부터 나오듯이 판사의 권력도 헌법에 따라 국민으로부터 나온다. 따라서 판사는 국민이 부여한 권한과 신분을 잊지 말고 자신이 맡은 의무를 다해야 한다.

판사와 대법관, 대법원장을 비롯한 법관 역시 국민 위에 군림하는 것은 있을 수 없는 일이다. 사법부의 주인인 국민은 법원의 판결에 대해서 늘 비판하는 자세로 잘못된 것은 잘못되었다고 지적하고 법원은 이를 겸허히 받아들여야 한다.

그렇다면 법원이 하는 역할은 무엇일까? 바로 다툼을 해결하는 것이다. 법원은 개인과 개인, 국가와 개인, 단체와 단체 등 이러저러한 수많은 다툼을 중재한다. 법원은 판사의 기분과 취향이 아니라 국회가 만든 법률에 따라 재판을 하는 곳이다. 법원이 사법 불신을 극복하고 국민의 믿음을 회복하기 위해서는 다음의 세 가지가 반드시 필요하다.

첫째, 사법권의 독립, 다시 말해 법원의 독립이다. 헌법에서도 강조하는 것처럼 법관은 양심에 따라 독립된 상태로 재판에 임해야 한다. 돈이나 권력에 따라 또는 자신의 이해관계에 따라 재판을 한다면 이미 법관의 자격을 잃은 것이다. 또한 사실 여부를 명백히 가리기 위해 증거를 바탕으로 판결을 내려야 한다. 이를 '증거재판주의'라고 한다. 증거재판주의는 오늘날 재판의 공정성을 확보하는 데 가장 중요한 원칙이다.

헌법 제103조

법관은 헌법과 법률에 의하여 그 양심에 따라 독립하여 심판한다.

둘째, 신속한 재판과 공개재판이다. 모든 국민은 헌법에 따라 신속한 재판을 받을 권리가 있으며, 형사재판에서 상당한 이유가 없는 한 공개재판을 받을 권리를 가진다. 이렇게 신속한 재판에 대한 권리가 헌법에 보장되어 있지만 막상 재판이 쉽게 열리지 않는다는 비판도 크다. 현대 사회는 변화의 속도가 빠르고 다양한 이해관계를 가진 이들이 얽혀 있는 만큼 갈등의 범위와 내용이 무척 복잡하다. 그러나 헌법은 국민의 명령이며 헌법에 명시된 신속한 재판과 공개재판은 반드시 지켜져야 한다. 공개재판의 경우, 재판의 공정성을 보장하기 위해 그 절차를 국민이 감시할 필요성이 커지며 생겨났다.

셋째, 심급 제도의 보장이다. 재판에서 중요한 것은 억울한 사람이 나오지 않도록 하는 것이다. 재판 결과를 받아들일 수 없다면 상급 법원에서 다시 재판을 받을 수 있다. 법원은 기본적으로 지방법원과 고등법원, 대법원으로 나뉘며, 한 사건에 대해 세 번의 재판을 받을 수 있는 삼심 제도를 기본으로 한다.

법관은 국민이 부여한 권력을 신중하게 사용하고 재판에 성실하게 임해야 한다. 과거 잘못된 수사와 판결로 살인을 하지 않았는데도 가혹한 고문에 못 이겨 거짓 자백을 한 뒤, 형을 살고 나온 피해자들이 있었다. 특히 죄의 유무를 가리는 형사재판에서 내려진 잘못된 판결은 한 사람의 인생을 송두리째 빼앗아 버린다. 실제로 10대 소년이 아저씨가 다 되고 나서야 살인 누명을 벗게 된 일도 있다. 뉴스에 나오는 이러한 억울한 사연의 주인공이 다른 누구도 아닌 내가 될 수 있다. 결국 사법 정의는 어느 한 사람을 위한 것이 아니라 우리 모두를 위한 것이다.

사법 정의를 실현하는 주체는 바로 우리 자신이다. 늘 이 점을 마음이 깊이 새기고 비판적인 태도로 재판 과정에 잘못은 없는지 관심을 가지고 살펴야 한다. 사법이 걷는 길을 국민이 지켜보는 것이야말로 사법 정의를 실현하는 가장 빠른 지름길이다.

헌법의 수호자, 헌법재판소

헌법을 공부하면서 헌법이란 민주주의의 뿌리이자 정치적 결단이며 공동체 합의의 결과라는 것을 알게 되었다. 헌법은 우리에게 생활의 안정과 자유를 선사하며, 국민을 하나로 모으는 역할을 한다.

물론 정치가 어수선하고 평화롭지 않을 때도 많다. 정치 권력을 독점한 이들은 자신의 힘을 더 거대하게 만들기 위해 절차를 마음대로 없애거나 건너뛰고 헌법조차 무시하려고 한다. 이런 일들은 역사적으로 우리에게 커다란 고통과 상처를 남겼다.

헌법재판소는 이러한 초헌법적 권력 남용으로부터 헌법을 수호하기 위해 탄생했다. 대한민국의 누구라도 반드시 헌법을 지켜야 한다. 국가기관도 헌법재판소에서 나온 결정을 따라야 한다.

우리나라는 제헌헌법이 처음 만들어졌을 때 헌법위원회와 탄핵재판소라는 기관을 두었다. 이후 변화를 거듭하며 때로는 역할을 제대로 하지 못한다는 비판을 받기도 했다. 군사 독재 시기에 국민들은 헌법이 짓밟히는 과정을 똑똑히 지켜봤다. 그리고 민주주의 정신과 기본권이 바닥까지 떨어진 현실을 딛고 일어섰다. 수많은 시민이 거리로 뛰쳐나와 목숨을 걸고 저항했다. 6·10민주항쟁 때 외친 '호헌철폐 독재타도'는 잘못된 헌법을 개정하라는 국민의 요구였으며, 결국 헌법 개정은 거스를 수 없는 흐름이 되었다.

그런데 헌법 개정만으로 국민의 기본권을 지킬 수 있을까? 또다시 권력의 부조리에 기본권이 짓밟힐 때를 대비해 무엇을 해야 하는지에 대한 고민이 시작되었다. 그 해답은 헌법을 지키는 장치를 마련하는 것이었다. 헌법을 잣대로 심사하는 헌법심판의 등장이었다. 그 결과, 헌법재판소가 1987년 헌법 개정을 통해 세워졌다.

헌법재판소는 총 9명의 헌법재판관으로 이루어진다. 법원에서는 '법관'이지만 헌법재판소에서는 '재판관'이라 부른다. 결정 과정에서 재판관의 독립성은 법관과 마찬가지로 보장되고 있다.

헌법재판소의 정문

헌법재판소의 결정은 돌이킬 수 없는 확정력을 갖는다. 상급 법원에 재심을 요구하는 상소나 결정에 대한 불복이 있을 수 없다. 헌법재판소의 결정은 국가기관뿐만 아니라 우리 모두에게 영향을 미친다. 오늘날 헌법재판소는 다섯 가지의 심판을 맡는다. 바로 위헌법률심판, 헌법소원심판, 탄핵심판, 위헌정당심판, 권한쟁의심판이다. 하나씩 자세히 살펴보자.

첫째, '위헌법률심판'은 법원의 요청에 따라 법률이 위헌인지 아닌지를 밝히는 일이다. 위헌법률심판의 주체는 법원이다. 재판 과정에서 법률이 헌법을 위반하는지가 중요한 기준이 되는 경우에 법원이 요청한다. 만약 헌법재판소에서 위헌이라는 결정이 내려지면 그 법률은 효력을 잃게 된다.

둘째, '헌법소원심판'은 법률이나 공권력으로 기본권을 침해당한 국민의 요청을 받아 헌법재판소에서 판단을 내리는 일이다. 국민이 직접 공권력에 대한 부당함이나 기본권 침해에 대한 심판을 요구한다는 점에서 의미가 크다.

예를 들어 안전띠를 매지 않고 운전하던 중 경찰관에게 잡힌 청구인은 벌금을 냈다. 그 후에 청구인은 안전띠 착용을 의무화하는 법률이 사생활의 비밀과 양심의 자유, 기본권을 침해한다고 헌법소원심판을 청구했다.

이에 대해 헌법재판소는 청구인의 주장을 받아들이지 않았다. 달성하고자 하는 공익이 청구인의 자유라는 사익보다 크다는 이유에서였다. 다시 말해 안전띠 착용 의무화가 교통사고로부터 국민의 생명 또는 신체에 대한 위험과 장애를 없애고 교통 질서를 유지하며 공동체의 이익을 위한 것으로 보았다.

안전띠 착용을 비롯해 우리의 삶은 법률과 밀접한 연관을 맺고 있다. 따라서 일상생활에서 법률이 우리의 기본권을 침해하는지를 헌법재판소에 묻는 것은 매우 바람직한 일이다. 각 법이 헌법에 맞는지를 따져 보는 것이야말로 헌법적 사고라 할 수 있다.

기본권은 지켜지고 악법은 없어져야 한다. 이와 같은 헌법소원이 많아져야 국민은 자신의 권리를 제대로 지킬 수 있고, 국가기관도 국민의 기본권을 소중히 여길 것이다.

셋째, '탄핵심판'은 헌법재판소가 국회로부터 특정 공무원의 탄핵을 요청받아 심판하는 일이다. 대통령이나 국무총리, 국무위원 등이 헌법을 위반했다면 국회에서 탄핵 소추를 의결하고 헌법재판소에서 최종 심판을 내리게 된다.

넷째, '위헌정당심판'은 헌법재판소가 민주주의를 위협하는 정당의 활동을 막기 위해 존재한다. 정당의 목적이 민주주의의 기본 질서에 위배될 때 정부는 헌법재판소에 정당을 해산해 달라고 청구할 수 있다. 실제로 2014년에 통합진보당은 정부의 위헌정당 해산 청구를 거쳐 헌법재판소의 결정에 따라 해산되었다.

다섯째, '권한쟁의심판'은 국가기관끼리 벌어진 다툼을 심판하는 일이다. 예를 들면 국가기관과 국가기관, 국가기관과 지방자치단체, 지방자치단체와 지방자치단체 사이에 다툼이 일어나 권한이 침해되었거나 침해될 우려가 있을 때, 해당 기관은 헌법재판소에 권한쟁의심판을 청구할 수 있다.

진로 찾기 대통령

역사적으로 대통령은 미국의 수정헌법이 만들어 낸 발명품이라 할 수 있다. 미국 독립 혁명 이후, 헌법을 만들면서 세계 최초로 대통령이 나타났기 때문이다. 그 당시 중요한 고민 중의 하나는 대통령에게 줄 권한의 크기와 범위였다. 한 사람에게 권력이 몰렸을 때 또는 대통령으로 부적절한 사람을 뽑았을 때 또 다른 왕이 탄생할지도 모른다는 우려 때문이었다.

대통령은 영어로 프레지던트president라 한다. 미국에서는 대통령을 미스터 프레지던트라고도 부르는데, 여기서 프레지던트는 존귀한 존재를 뜻하지 않는다. 반장, 학생회장과 마찬가지로 회의를 이끄는 장리더에 지나지 않는다. 실제로 프레지던트는 대통령뿐 아니라 회장이라는 뜻을 가지고 있다. 대통령이 존귀한 왕이 아님을 강조하기 위해 일부러 평범한 단어를 골랐다고 볼 수 있다.

인류 역사상 최초의 대통령은 미국의 조지 워싱턴이다. 처음에는 대통령에 대한 연임 제한이 없었고 국민의 지지도 높아서 두 차례 대통령직을 수행한 이후, 한 번 더 대통령 자리에 오를 수 있었다. 하지만 워싱턴은 권력에 대한 유혹을 뿌리치고 단호히 자리에서 물러났다. 평화로운 정권 교체를 위해 자신이 왕이 아닌 대통령이라는 사실을 스스로 보여 준 것이다. 워싱턴이 아직도 미국인들에게 가장 사랑받는 대통령으로 남아 있는 이유이다.

예전에는 장래 희망을 묻는 질문에 가장 인기가 많은 직업이 대통령이었다. 그런데 요즘은 정치인들의 비리와 부정이 자주 뉴스를 타서인지 대통령이 되고 싶다는 경우를 보기 어렵다. 정치인에게 있어 대통령은 여전히 최종 목표이기 때문에 더 많은 국민의 지지를 받기 위해 노력하는 원동력이 된다. 대통령 선거에 나선 후보자들의 경쟁은 무척 치열하며 지지자들의 응원도 뜨겁다.

우리나라 대통령은 임기가 5년으로 정해져 있고 한 번밖에 할 수 없다. 헌법에서 '한 번'을 못 박은 것은 중임을 통해 장기 집권을 꾀했던 역사가 있기 때문이다. 민주화 투쟁을 통해 대통령은 딱 한 번만 가능하도록 제한함으로써 독재 정권이 헌법을 마음대로 바꿀 수 있는 역사의 고리를 끊어 버렸다.

대한민국 헌법에 따라 대통령은 국민의 최고 대변인으로서 국가를 대표한다. 또한 대통령은 헌법의 수호자로서 조국의 평화를 위해 의무를 다해야 한다. 오늘날 대통령은 국민이 직접 투표로 뽑는다. 대통령 후보로 출마하기 위해서는 국회의원으로 선출될 수 있는 피선거권이 있고, 선거일 현재 5년 이상 국내에 거주하고 있으며, 선거일 기준으로 만 40세 이상이 되어야 한다.

진로 찾기 국회의원

국회의원이 다른 직업과 확연히 차이가 나는 점은 '걸어 다니는 헌법기관'이라는 점이다. 국회의원은 국민의 뜻에 따라 법을 만들고 행정부와 사법부를 견제하는 역할을 한다. 국민의 일꾼이라는 막중한 임무를 맡고 있는 셈이다.

국회의원으로 출마할 수 있는 나이는 공직선거법 개정에 따라 만 18세 이상이다. 대통령은 만 40세 이상이 되어야 하지만 국회의원은 이제 고등학생도 도전할 수 있다. 국회의원으로 출마할 때에는 정당의 후보자로 공천을 받는 것이 유리하다. 정당법의 개정으로 만 16세 이상이면 누구나 정당에 들어갈 수 있다.

청소년이 세상 돌아가는 일에 무관심하다는 것은 무엇을 의미할까? 우리의 미래를 이끌어 갈 세대가 주권자로서 활동할 기회가 부족하고 정당 활동에 제약을 받고 있다는 증거나 다름없다. 실제로 여러 나라에서 청소년의 정치 참여를 북돋우기 위해 노력하고 있다.

실제로 아나 뤼어만은 19세에 녹색당 소속으로 독일 연방의회 국회의원에 당선되었다. 2005년에는 대한민국 국회를 방문하기도 했다. 어려서부터 정치에 관심이 많았던 뤼어만은 청소년의 정치 참여를 강조한다.

두 차례의 법 개정으로 우리나라에서 청소년은 보호를 받는 대상에서 정치 주체로 자신의 목소리를 낼 수 있게 되었다. 기성세대의 의견을 무조건 따르기보다는 1명의 주권자로서 새로운 정치를 펼칠 기회가 열린 것이다.

국회의원이 되기 위해서는 선거에서 국민에게 선택받아야 한다. 보통 무소속으로 출마하기보다는 정당의 후보로 선출되어 출마하는 경우가 유리하다. 따라서 정당 활동은 매우 중요하다.

정당에서는 절차를 거쳐 국회의원 후보를 선출한다. 지역구의 출마 경쟁이 치열하기 때문에 경선을 치르기도 한다. 경선이란 당 안에서 후보가 되기 위한 경쟁을 말한다. 특정 정당의 당선이 유력한 지역인 경우, 정당의 공식 후보자로 추천받는 공천이 곧 당선처럼 여겨지기에 공정한 경쟁인지에 대한 논란이 일곤 한다.

풀뿌리 민주주의란 지역을 기반으로 시민들의 참여를 통해 확장되는 민주주의를 말한다. 소수의 엘리트가 아닌 지역 시민의 참여로 만들어 가는 형태이다. 우리나라는 아직까지 법조인이나 교수가 일을 하다가 정치를 시작하는 경우가 많다. 앞으로는 풀뿌리 민주주의를 실현하는 지방의회부터 차근차근 정치적 경험을 쌓는 일이 중요하다. 국민의 의사를 대변하는 자리인 만큼 현장에서 국민에게 필요한 것이 무엇인지 더 잘 알 수 있기 때문이다.

민심을 읽고 국민의 고통을 뼈저리게 느끼는 정치, 세상을 아름답게 바꾸려는 정치가 더 많은 국민의 신뢰를 받아야 할 것이다. 우리나라의 국회의원은 평균적으로 50대 중반이라고 한다. 앞으로 청소년들의 정치 진출이 활발해져 다양한 연령대의 국회의원이 다양한 국민의 의사를 반영하는 세상을 기대해 본다.

2장

형법, 죄와 벌을 묻고 답하다

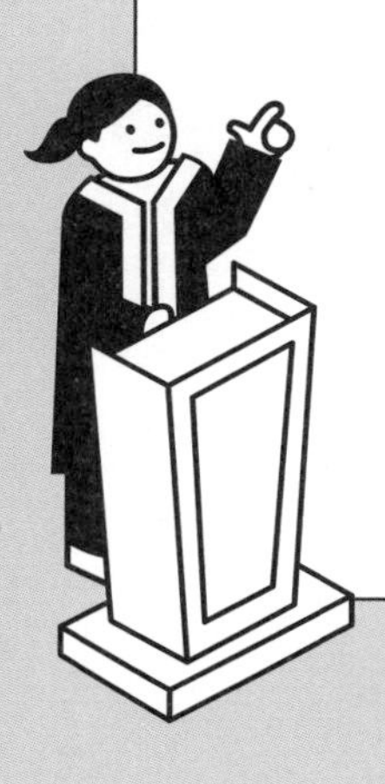

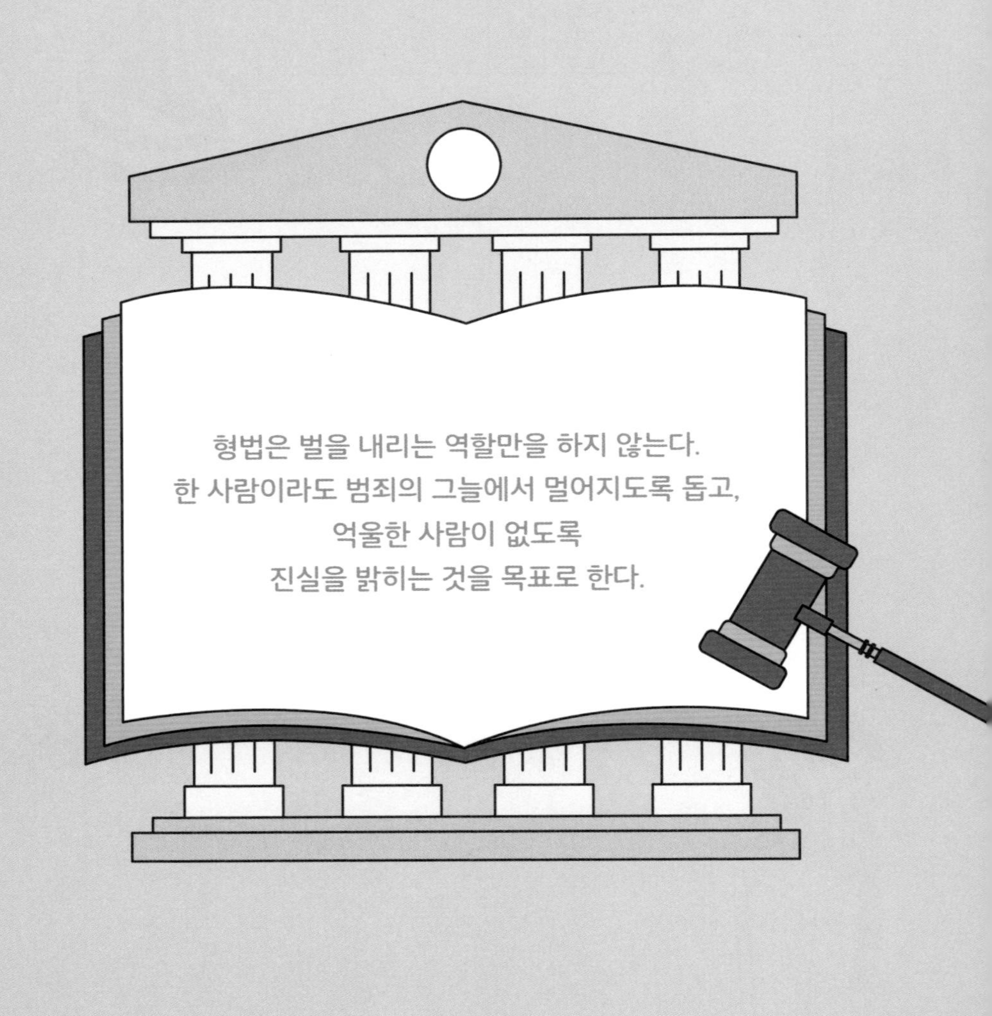
형법은 벌을 내리는 역할만을 하지 않는다.
한 사람이라도 범죄의 그늘에서 멀어지도록 돕고,
억울한 사람이 없도록
진실을 밝히는 것을 목표로 한다.

엄격하고 다정한 형법의 세계

형법은 여러 가지 쟁점 중에서 범죄와 형벌을 규정한 법이다. 현대 사회에서는 강도, 살인 같은 범죄를 당했을 때 피해자들이 직접 복수하려고 나서지 않는다. 복수는 복수를 부르기 때문이다. 오늘날 피해자들은 형법의 힘을 빌려 범죄자들과 맞서고 문제를 해결한다. 형법은 인류가 자유와 생명 그리고 재산을 지키기 위해 만들어 낸 최고의 안전장치이다.

인간의 역사에는 아름다운 이야기도 많지만 잔혹한 범죄도 끊이지 않았다. 그래서 인류는 평화로운 공동생활을 망가뜨리고 사람의 생명이나 재산에 해를 끼치는 행위 중 어떤 것을 죄로 할 것이며, 어떤 벌을 내려야 하는지에 대해 오랫동안 고민했다. 형법은 인류의 역사를 따라 변화를 거듭해 왔다.

기원전 1750년 무렵에 만들어진 바빌로니아의 함무라비 법전에서는 정의의 실현이 '복수'였다. 따라서 형벌은 "눈에는 눈, 이에는 이"라는 말처럼 앙갚음하는 것이 원칙이었다. 하지만 함무라비 법전도 과도한 보복은 금지했다. 팔을 부러뜨린 사람에게 목숨을 내놓으라고 하지는 않았다.

형법은 범죄자를 처벌하는 데 신체의 자유는 물론 목숨까지 빼앗을 수 있기 때문에 기준을 엄격하게 정해야 한다. 그래서 형법은 죄형법정주의를 가장 중요한 원칙으로 삼고 있다.

법 없이는 죄도 벌도 없다

'죄형법정주의'는 범죄와 형벌의 기준을 오로지 법률로 정해야 한다는 원칙이다. 이것은 국가나 공공단체의 공권력으로부터 개인의 생명과 재산을 보호해야 한다는 근대의 사고를 담아낸 것이다. 죄형법정주의에 따라 국가는 사회적 합의를 이룬 법으로 죄의 유무와 형벌의 종류를 판단하고, 강제력을 행사한다.

만약 죄형법정주의가 없다면 범죄와 형벌에 대한 명확한 기준이 없기 때문에 무엇이 범죄인지, 어떤 처벌을 내려야 하는지 알 수 없다. 그러면 어떤 일이 벌어질까? 우리가 사는 공동체는 순식간에 끔찍한 아수라장이 되어 버릴 것이다. 사람을 죽이고 물건을 훔쳐도 처벌받지 않는다면 거리에는 살인자와 도둑이 넘쳐날 것이고, 선량한 사람들은 공포와 두려움에 떨며 문밖으로 한

걸음도 나갈 수 없을 것이다. 이런 사태는 누가 보더라도 공포스러운 일이 아닐 수 없다.

범죄자뿐만 아니라 국가도 문제가 된다. 강력한 힘을 가진 국가가 묻지도 따지지도 않고 죄 없는 시민을 가두고 재산을 빼앗고 사형을 내린다면 아무도 편안하게 잠들 수 없을 것이다. 실제로 이런 일들이 인류의 역사에서 수없이 반복되었다. 따라서 죄형법정주의는 범죄로부터 우리를 지켜 주는 대원칙인 동시에 공권력으로부터 우리의 생명과 재산을 보호하는 방패이다.

헌법 제12조 제1항에서는 "누구든지 법률에 의하지 아니하고는 체포·구속·압수·수색 또는 심문을 받지 아니하며, 법률과 적법한 절차에 의하지 아니하고는 처벌·보안처분 또는 강제노역을 받지 아니한다."라고 나와 있다. 또 헌법 제13조 제1항에서도 "모든 국민은 행위 시의 법률에 의하여 범죄를 구성하지 아니하는 행위로 소추되지 아니하며, 동일한 범죄에 대하여 거듭 처벌받지 아니한다."라고 하며 죄형법정주의를 선언하고 있다. 그렇다면 죄형법정주의의 원리에는 어떤 것들이 있을까?

첫째, 죄형법정주의는 관습형법을 허용하지 않는다. 관습형법은 법조문으로 쓰이지 않고 관습으로 내려오는 불명확한 형법이다. 죄형법정주의에 따라 일관성 있는 결정이 내려지기 위해서는 관습형법과 같은 애매한 기준이 아니라 반드시 구체적인 법률이 있어야 한다.

둘째, 죄형법정주의는 유추해석을 금지한다. 유추는 유사한 점으로 미루어 추측하는 일이다. 예를 들면 염소에 대한 금지사항을 비슷한 초식동물인 양에도 적용하는 것이 유추해석이다. 그러나 양과 염소는 분명히 다른 동물이다. 비슷하다는 이유로 양을 염소라고 할 수는 없다. 이처럼 마음대로 비슷한 법률을 끌어다 쓰는 유추해석은 잘못된 판단을 불러일으킬 수 있기에 매우 위험하다. 따라서 형법에서는 절대로 유추해석을 용납하지 않는다.

셋째, 명확성의 원칙이다. 법률이 범죄와 형벌을 정할 때 애매모호해선 안 된다. 반드시 명확하게 규정해야 한다. 예를 들어 '아름답지 않은 웹툰'을 범죄로 규정하는 조항을 추가한다고 해 보자. '아름답지 않다'라는 말은 그 기준이 사람마다 달라 무엇이 아름답고 아름답지 않은지 판단을 내리기 어렵다. 이런 규정은 명확성의 원칙에 어긋나기에 형법상 법률이 될 수 없다.

넷째, 소급효 금지의 원칙이다. 소급은 과거로 거슬러 올라간다는 뜻이다. 소급효 금지의 원칙이란 과거에 있었던 행위에 새로운 법률의 효력이 미치는 것을 금지하는 것이다. 예를 들어 인공지능 제작과 관련한 금지 조항을 만들었다고 했을 때, 이 조항은 과거의 인공지능 제작까지 죄의 유무를 물을 수 없다. 과거에는 그 행위가 범죄가 아니었는데 현재는 법이 생겨 범죄가 되었다고 해도, 벌하지 않는다는 것이다.

다섯째, 적정성의 원칙이다. 빵을 훔친 벌로 사형을 내리거나 사람을 죽이고 고작 벌금형에 처하는 일은 상상할 수도 없다. 죄형법정주의에 따라 법률을 만들 때는 반드시 범죄와 형벌 사이의 균형을 맞추어야 한다.

여자가 아니라서 범죄가 아니라면

복수는 오랫동안 정의로 여겨졌다. 한 예로 조선 시대에 한 노파가 결혼한 여성에 대한 거짓 소문을 냈다. 여성의 남자관계가 복잡하고 문란하다는 내용이었다. 여성의 순결과 정조가 중요한 덕목이었던 조선 시대에 잘못된 소문으로 여성은 심각한 고통을 받았고 복수를 결심했다. 여성은 계획한 범행을 실행에 옮겨 노파를 살해했다.

당시 조선의 법은 이 여성의 복수를 정당한 행위로 보고, 살해 사건임에도 관대한 처분을 내렸다. 지금 같으면 정상 참작으로 형이 줄어들 수는 있겠지만 살인죄로 처벌하고 복수를 금지할 것이다. 이처럼 사회 공동체가 생각하는 범죄의 정의는 시대에 따라 달라졌고 형법과 복수의 관계도 변화해 왔다.

우리는 하루를 살아가면서 그날 잘못한 일을 반성하고 때로는 사과를 건네기도 한다. 하지만 모든 잘못이 범죄가 되는 것은 아니다. 도덕적으로 옳지 않다고 해서 범죄가 되는 것도 아니다. 마음속으로 수만 번 사기와 절도를 저질러도 직접 행동으로 옮기지 않는 한 범죄가 성립되지는 않는다. 그저 양심의 가책을 느낄 뿐이다.

범죄가 성립하기 위해서는 세 가지 요건을 갖추어야 한다. 범죄의 구성 요건에 해당하고, 위법해야 하며, 책임을 질 수 있어야 한다.

첫째로 구성 요건은 범죄의 구체적인 내용이다. 예를 들면 형법에서는 절도죄를 '타인의 재물을 절취한 자'라고 정의한다. 이때 구성 요건은 '타인의 재물'과 '절취'가 된다. 타인의 재물이기 때문에 자신의 재물은 여기에 해당하지 않는다. 절취는 도둑질을 말한다. 정리하면 다른 사람의 재물을 훔칠 때 절도죄가 성립하는 것이다. 남의 물건을 몰래 눈여겨보거나 탐을 냈다는 이유만으로 절도죄가 성립하지는 않는다.

둘째로 위법성은 벌을 받을 만한 잘못을 했다는 것이다. 다시 말해 형법에서 정한 조항에 구체적으로 위반한 행위가 있어야 한다. 그런데 예외도 있다. 형법에는 위법성 조각 사유라는 조항이 있어서 여기에 해당하면 범죄가 성립하지 않는다. 여기서 조각이라는 말은 '물리친다'라는 뜻으로, 위법성 조각 사유란 위법성이 없어지는 사유를 말한다. 위법성 조각 사유로는 정당방위, 정당행위, 긴급피난 등이 있다.

위법성 조각 사유

'정당행위'는 사회 일반의 규칙에 반하지 않는 적법한 행위나 법령에 따르는 행위를 말한다. '정당방위'는 자기 또는 타인의 법익에 대한 현재의 부당한 침해를 막기 위한 것으로, 상당한 이유가 있는 행위이다. '긴급피난'은 자기 또는 타인의 법익이 위험하거나 곤란한 상황을 피하기 위해 부득이한 행위를 말한다. 그러나 위험을 벗어난 후에는 불필요한 침해를 해서는 안 된다.

셋째로 책임은 범죄행위에 대한 비난 가능성을 말한다. 구성 요건과 위법성이 범죄행위를 중심으로 판단하는 것이라면, 책임은 그 행위를 한 사람을 두고 판단하는 것이다. 책임을 질 수 있어야 형벌을 내릴 수 있다.

여기에도 범죄행위를 한 자의 책임을 면해 주는 책임 조각 사유가 존재한다. 예컨대 만 14세 미만으로 형사 미성년자인 경우이다. 유치원에 다니는 6세 아이는 친구 집에 갔다가 탁자 위에 놓인 핸드폰을 훔쳐서 집으로 가져왔다. 이 아이는 타인의 물건을 훔쳤기 때문에 절도죄의 구성 요건을 충족하고 위법한 행위를 한 사실도 분명하다. 하지만 6세로 책임 능력을 갖지 못한 형사 미성년자여서 처벌을 받지 않는다. 나이가 어려서 책임을 질 수 없다고 판단해 사실상 면죄부를 주는 것이다.

또 다른 책임 조각 사유로 심신 상실이 있다. 미국에서 연쇄 성폭행으로 붙잡힌 빌리 밀리건은 명확한 증거에도 무죄를 받았다. 자신이 24개의 인격을 가진 다중인격자라는 그의 주장에 따라 심신 상실이 인정되었기 때문이다. 이 사건은 당시에 큰 논쟁을 불러일으켰다. 밀리건의 이야기는 2017년에 개봉한 영화 〈23 아이덴티티〉로 만들어지기도 했다. 하지만 피해자들의 고통은 오히려 외면받았다.

범죄에 있어서 보호해야 할 대상이나 가치를 '보호 법익'이라고 한다. 예를 들어 강간죄는 오랫동안 '부녀를 강간한 자'라고 명시되어 있었다. 부녀의 강간이 구성 요건이었기 때문에 부녀에 해당하는 여성의 성적 자기결정권만이 보호 법익이었다.

따라서 여성이 아니면 강간죄가 발생해도 범죄가 성립하지 않았다. 남성이 강간을 당하는 경우, 구성 요건에 해당하지 않아 남성의 성적 자기결정권은 보호받을 수 없었다.

이처럼 악질적인 범죄로부터 보호해야 할 대상과 법익을 여성으로만 한정한 것은 거센 비판을 받았다. 결국 2013년에 법이 개정되어서 사람이면 누구나 강간죄로부터 보호를 받을 수 있게 되었다. 강간죄의 보호 법익은 현재 '여성의 성적 자기결정권'이 아니라 '사람의 성적 자기결권'이다. 이제 여자냐 아니냐를 따지지 않아도 된다.

법이 보호하는 가치와 대상은 시대에 따라 변화를 거듭한다. 법률을 개정하거나 새롭게 제정하기도 한다. 앞으로 우리의 생명과 재산을 보호하는 법이 정의롭지 못하다면 언제든 고쳐야 한다. 그래야만 모든 사회 구성원이 진정으로 안전하고 행복한 삶을 보장받을 수 있다.

마음을 울리는 판결문

한 청년이 있었다. 청년의 가정은 아버지의 바람으로 산산조각 났고 청년은 할머니 집에서 살았다. 청년은 초등학교 때부터 축구에 관심을 보이다가 축구 선수를 꿈꾸게 되었다. 그러나 아버지의 욕설과 폭력으로 자주 가출했고 공업고등학교에 갔지만 결국 학업을 중단해야 했다.

청년은 뒤늦게 고졸 검정고시에 합격하고 자동차 정비 전문대학에 가려는 목표를 세웠지만 어려운 가정 형편으로 포기했다. 이후 사기를 당해 경제적으로 매우 궁핍한 상황에 몰렸다. 엎친 데 덮친 격으로 세상에서 가장 의지하고 사랑했던 어머니가 병으로 곁을 떠나고 말았다.

청년은 어머니의 사망으로 6개월 동안 입에 음식을 대지 않다가 목숨을 끊기로 결심했다. SNS로 같은 뜻을 품은 사람을 모은 청년은 자살을 시도했으나 실패했다.

자살방조죄는 사람을 도와주어 자살에 이르게 하는 죄를 말한다. 청년은 다른 사람과 함께 자살을 꾀하는 과정에서 서로의 자살을 도왔다. 1명이라도 사망했다면 의도한 결과가 발생해 자살방조죄가 되었을 것이다. 하지만 이 경우에는 아무도 사망하지 않아서 미수에 그쳤다.

재판장은 법정에 선 청년이 다시 삶을 포기할 것을 염려하며 판결문을 작성했다. 동시에 범행을 서로 도움으로써 타인의 생명을 침해할 뻔했기에 죄의 무게가 전혀 가볍지 않다는 점을 고려했다. 다시 삶의 기회를 얻은 청년은 반성문에서 부모의 보살핌이 그리웠다고 말하며, 앞으로는 어떠한 어려움이 오더라도 우직하게 이겨 내며 살아가겠다는 다짐을 보여 줬다.

재판장은 청년의 성장 환경과 사건에 이른 과정을 소상하게 판결문에 적었다. 실제 판결문을 보면 이와 같은 비극이 다시는 일어나지 않기를 바라는 재판장의 심정이 고스란히 담겨 있다.

> 자살을 막으려는 수많은 대책과 구호가 난무한다. 그러나 생을 포기하려 한 이의 깊은 고통을 우리는 제대로 공감조차 하기 어렵다. 이해하기 힘들지만, 밖에서 보기에 별것 없어 보이는 사소한 이유들이 삶을 포기하게 만들듯, 보잘것없는 작은 것들이 또 누군가를 살아 있게 만든다. (…) 비록 하찮아 보일지라도 생의 기로에 선 누군가를 살릴 수 있는 최소한의 대책은, 그저 그에게 눈길을 주고 귀 기울여 그의 얘기를 들어주는 것이 아닐까 하는 생각이 든다. 지상에 단 한 사람이라도, 자신의 얘기를 들어줄 사람이 있다면, 그러한 믿음을 그에게 심어 줄 수만 있다면, 그는 살아갈 수 있을 것이다. 왜냐하면 그의 삶 역시 사회적으로 의미 있는 한 개의 이야기인 이상, 진지하게 들어주는 사람이 존재하는 한, 그 이야기는 멈출 수 없기 때문이다. 사람이 사람에게 할 수 있는 가장 잔인한 일은, 혼잣말하도록 내버려두는 것이다.
>
> - 울산지방법원 2019고합241

이 판결문처럼 단 한 사람이라도 나의 이야기를 들어주는 사람이 있다면 그것으로도 삶의 이유는 충분할 것이다. 형법은 누구보다 인간을 사랑하고 인간의 삶을 범죄로부터 보호하기 위해 만들어졌다. 앞선 재판 과정에서 보여 준 형법의 모습은 마치 따스한 미소처럼 세상으로부터 버림받은 청년의 마음에 희망을 심어 주었다.

오늘날 자살은 전 세계에서 심각한 사회 문제이다. 특히 우리나라는 2004년부터 OECD 국가 가운데 자살률 1위를 놓친 적이 없다. 자살이 일으키는 사회적·경제적 손실을 떠나 남겨진 사람들의 충격과 슬픔, 고통은 이루 말할 수 없다. 희망을 잃은 사람일수록 목숨을 버리기 쉽다. 형법은 단순히 죄를 지은 자에게 벌을 내리는 역할만을 하지 않는다. 사회 구성원의 안전과 공공의 이익을 보호하며 사회에 해악을 끼치는 행위를 막고 한 사람이라도 범죄의 그늘에서 멀어지도록 돕는다. 형법의 역할과 책임이 무엇인지 다 함께 고민해 봐야 할 때이다.

형사재판을 시작합니다

범죄가 발생하면 고소나 고발을 할 수 있다. '고소'는 범죄의 피해자나 고소권을 가진 사람이 범인을 처벌해 달라고 신고하는 일이다. 이와 다르게 '고발'은 제3자라 하더라도 누구든지 범죄 사실을 신고할 수 있다. 다음 사례를 통해 차근차근 알아보자.

'형사 사건'의 발생

어느 날, 도시에 폭행 사건이 발생했다. 피해자가 몸을 가누지 못하고 누워 있자 곧이어 경찰이 달려왔다. 사건 당시 피해자를 둘러싸고 있던 세 사람이 용의자가 되었고, 목격자와 피해자의 진술, CCTV 등을 통해 A가 혼자 피해자에게 수차례 주먹질과 발길질을 했다는 사실이 드러났다.

A는 폭행으로 곧바로 입건되었다. '입건'이란 정식으로 수사를 시작해 형사 사건이 되었다는 것을 말한다. '피의자'는 입건되어 수사를 받고 있는 사람으로, 이 사례에서 A가 된다.

수사 과정에서 피의자의 범죄가 여러 증거로 입증된다면 검사는 피의자를 기소한다. 이때 '기소'란 검사가 공익의 대변자로 나서서 피고인을 처벌해 달라고 재판을 청구하는 것이다. 기소가 되면 피의자는 '피고인'으로 바뀐다. 형사 절차에 따라 A는 수사 단계에서는 피의자가 되고, 재판 단계에서는 피고인이 되는 것이다.

형사재판이 민사재판과 가장 다른 점은 재판에 누가 등장하느냐에 있다. 민사재판에서는 소송을 제기하는 편이 '원고'이고 상대방이 '피고'가 된다. 다시 말해 민사재판에서는 검사가 등장하지 않는다. 민사재판의 피고와 형사재판의 피고인은 전혀 다른 개념이다.

형벌, 그것이 알고 싶다

또 다른 사건을 살펴보자. 대학교 2학년인 B는 친구 집에 놀러 갔다가 마음에 드는 시계를 하나 집어 가방 안에 몰래 넣었다. 이때 B는 물건을 훔쳤기 때문에 절도죄가 성립한다. 만약 B가 잘못을 반성하고 다시 시계를 돌려준다고 하더라도 이미 성립한 절도죄는 사라지지 않는다.

형법 제329조

타인의 재물을 절취한 자는 6년 이하의 징역 또는 1천만 원 이하의 벌금에 처한다.

절도죄에 있어서 형벌은 6년 이하의 징역 또는 1,000만 원 이하의 벌금이다. 절도죄가 아무리 무겁더라도 살인죄와 같은 형벌을 선고할 수는 없다. 죄형법정주의에 따라 법에 따라서만 형벌을 결정할 수 있으며, 법에서 정한 것보다 더 가혹한 형벌을 내릴 수 없기 때문이다.

지금은 너무나 당연한 말처럼 들리지만 이러한 원칙은 근대 형법의 아버지라 불리는 체사레 베카리아가 주장했다. 그렇다면 베카리아는 형벌의 목적을 무엇으로 보았을까? 베카리아는 형벌의 목적이 범죄자에 대한 응징이나 범죄가 일어나기 전의 원래 상태로 회복하는 데 있는 것이 아니라 범죄 예방에 있다고 생각했다.

우리 형법에서 정한 형벌은 아홉 가지가 있다. 사형, 징역, 금고, 자격정지, 자격상실, 구류, 벌금, 과료, 몰수가

구류, 벌금, 과료, 몰수

'구류'는 죄인을 1일부터 30일 미만까지 교도소나 경찰서 유치장에 가두어 자유를 제한하는 형벌이다. '벌금'은 5만 원 이상으로, '과료'는 2,000원 이상 5만 원 미만으로 금액을 물리는 형벌이다. '몰수'는 범죄행위에 제공했거나 제공하려고 한 물건, 범죄행위의 결과로 얻은 물건 등을 국가가 강제로 가져가는 형벌이다.

그것이다. 이 중에서 가장 큰 형벌은 생명을 빼앗는 '사형'이다. 우리나라는 사형을 집행하지 않은 지 오래되었지만 사형제를 폐지하지는 않았다.

'징역'은 사람을 교도소에 가두어서 신체의 자유를 박탈하는 형벌이다. 기간을 정한 유기징역과 기간이 없는 무기징역으로 나뉜다. 자유를 박탈하는 형벌에는 '금고'도 있는데 징역은 노동을 포함하는 반면, 금고에는 노동이 따르지 않는다. 다음으로 재산의 감소로 벌을 주는 '벌금'이 있고, 명예를 박탈하는 '자격정지'와 '자격상실'이 있다. 이 밖에 구류, 과료, 몰수는 비교적 가벼운 형벌이라 할 수 있다.

형법의 변신은 현재 진행형

여러 나라를 여행할 때 조심해야 할 것이 바로 소매치기이다. 예전에는 우리나라에도 할머니 머리에 꽂은 은비녀를 눈 깜짝할 사이에 뽑아서 도망가거나 금붙이를 낚아채는 소매치기들이 많았다. 지금도 사람이 붐비는 지하철이나 버스 안은 소매치기들이 물건을 훔치기에 딱 좋은 장소이다.

요즘 범죄는 과거에 비해 보이스 피싱, 스미싱 등 수단과 방법이 매우 교묘하다. 정보 통신 기술의 발달로 스마트폰이 일상이 된 시대에서 디지털 범죄는 더욱 다양한 방식으로 우리의 빈틈을 파고들고 있다. 스마트폰 문자나 메일을 통해 개인정보가 털리거나 사기를 당하는 모습은 이제 낯선 일이 아니다. 누구나 언제든지 범죄의 대상이 되는 시대를 살아가고 있는 것이다. 디지

소매치기를 조심하도록 관광지에 붙여 놓은 표지판

털 범죄가 급증하다 보니 경찰청에서도 신고 사이트를 만들고 전담 부서를 만들었다.

디지털 범죄는 불특정 다수를 대상으로 한다. 게다가 여러 가지 계정이나 사이트를 옮겨 다니며 이루어지기 때문에 꼬리를 잡는 데 오랜 시간이 걸린다. 따라서 평소에 자신의 개인정보를 확인하고 지키는 자세가 필요하다.

끝없는 범죄의 진화 속에서

그동안 기술이 빠르게 발달하면서 인터넷을 이용한 디지털 범죄가 극성을 부려도 이에 대한 규정이 없어 처벌이 어려웠다. 오늘날에는 디지털 범죄를 처벌할 수 있도록 시대에 발맞춰 법률을 개정하고 있다. 그 예로 최근에는 인공지능을 이용해 조작한 딥페이크 영상물에 대한 처벌을 강화하고 있다.

디지털 공간에서 청소년을 대상으로 한 성범죄를 처벌하기 위한 노력도 이루어지고 있다. 그루밍 성범죄는 피해자를 정신적으로 길들여 성폭력을 가하는 것을 말한다. 아는 사람, 특히 자신보다 지위가 높거나 존경할 만한 위치에 있는 사람과의 관계에서 많이 일어난다. 가해자는 보통 물질적인 선물이나 칭찬 등을 통해 피해자의 신뢰를 쌓은 후, 오랜 기간 피해자를 악랄하게 이용하고 괴롭힌다.

피해자는 정작 자신이 처한 상황을 범죄로 인식하지 못하는 경우가 대부분이다. 가해자가 가족과 연락을 끊게 하거나 만나지 못하게 하기 때문에 다른 사람에게 도움을 요청하는 것도 쉽지 않다. 끝없이 범죄의 희생양이 되는 것이다.

한 사람의 인생을 망가뜨리며 영혼마저 짓밟아 버리는 그루밍 성범죄를 처벌하기 위해 2021년에 '아동·청소년의 성보호에 관한 법률'이 개정되었다. 범죄가 진화하는 만큼 법도 계속해서 변화하고 있다.

따뜻한 세상을 향한 한 걸음

스토킹은 과거에는 범죄가 아니었다. 오히려 "열 번 찍어 안 넘어가는 나무 없다."라며 스토킹을 부추기는 말을 하기도 했다. 스토킹은 지속적으로 상대방을 쫓아다니며 불안감과 공포심을 불러일으키는 범죄로, 피해자를 집요하게 괴롭힌다. 오늘날 스토킹을 대하는 국민의 정서와 법률은 피해자를 적극적으로 보호하는 방향으로 바뀌고 있다.

또한 나와 가장 가까운 사람으로부터 이루어지는 가정폭력이 있다. 가정폭력은 외부와 단절된 집 안에서 벌어지기 때문에 밖에서 사정을 알기가 어렵다. 게다가 집 안의 문제는 가족끼리 조용히 해결하라며 가정폭력 범죄를 방치하고 묵인하기까지 했다. 가정폭력의 무서운 점은 이렇듯 가족이 아닌 제3자에게 피해 사실을 알리기 어렵다는 데 있다. 가족이라는 이유로 용서와 화해가 이루어지더라도 폭력은 계속 되풀이되며 점점 심해지곤 한다.

가정폭력은 가족 안에서 가해자와 피해자가 생긴다. 옆집에 사는 한 어린아이를 상상해 보라. 이 작고 귀여운 여덟 살짜리 아이는 문을 열고 들어가는 순간, 엄청난 폭력과 폭언에 시달린다. 매일 계속되는 폭력으로 아이는 잠을 잘 때조차도 두려움 때문에 깊게 잠들지 못한다.

가정폭력은 잔혹한 학대와 방치로 보살핌이 필요한 아이를 사망에 이르게 하는 경우가 많다. 가정폭력 범죄는 누구든지 신고할 수 있다. 신고를 받은 경찰은 즉시 출동해서 폭력을 막아야 한다. 수사 후에는 피해자가 동의한 경우에 상담소나 보호시설로 인도하거나 의료기관의 도움을 받게 할 수 있다. 만약 범죄가 다시 일어날 우려가 있다고 판단되면 가해자가 100미터 이내로 피해자에게 접근하지 못하도록 하는 임시 조치를 취할 수 있다.

가정폭력은 범죄라는 인식의 전환이 중요하다. 가족은 서로의 행복을 위해 노력하고 지켜줘야 하며 세상에서 가장 따뜻한 곳이어야 한다. 범죄 없는 세상을 만들기 위해서는 법이라는 울타리를 촘촘하게 치는 것만으로는 부족하다. 내 이웃에 대한 애정어린 관심과 도움의 손길을 건넬 수 있는 용기가 필요하다.

억울한 사람이 한 명도 없도록

법이 돈과 권력을 가진 자들에게는 너그럽고, 힘없고 가난한 자들에게는 엄격하다면 법치국가라고 할 수 없다. 법치국가란 법률에 따라 통치되는 나라를 말한다. 법치가 무너지면 우리의 삶도 여지없이 무너진다는 것을 잘 보여 주는 사건이 있다.

유전무죄, 무전유죄를 외치다

1988년에 호송차에서 탈주한 범죄자들이 가정집으로 들어가 인질극을 벌이는 사건이 일어났다. 당시에 많은 시민은 가슴을 졸이며 TV와 라디오로 현장을 지켜봤다. 이때 탈주범 중 한 명인 지강헌은 사람들에게 '유전무죄, 무전유죄'라는 말을 남겼는데 그의 말은 많은 사람에게 깊은 인상을 주었다. 돈이 있으면 죄가 없고 돈이 없으면 죄가 된다는 이 말은 아직도 법의 공정성을 이야기할 때 자주 쓰는 말이다.

탈주범들은 인질들에게 미안하다고 말하며 경찰의 진압 과정에서 죽음이라는 최후를 맞이했다. 인질들은 나중에 탈주범 중 유일하게 살아남은 피고인의 형을 줄여 줄 것을 호소하는 탄원서를 올리기도 했다. 사회에 충격을 주었던 탈주범 사건은 이렇게 비극으로 끝이 났다.

법은 누구에게나 공정하게 적용되어야 하고 예외가 있어서는 안 된다. 만약 예외나 특권이 있다면 정의는 희미해지고 말 것이다. 불공정한 판결은 국민이 사법을 믿지 못하는 결과를 초래하고 억울한 사람이 늘어날수록 법치주의는 무너지게 된다.

형법의 절대 원칙

한 사람이라도 억울한 사람이 없도록 하는 것이 우리 형법이 나아가야 할 가장 중요한 목표 중 하나이다. 그러기 위해서 형법은 어떤 원칙을 가지고 있을까?

첫째, 무죄 추정의 원칙이다. 무죄 추정의 원칙은 재판 단계의 피고인뿐만 아니라 수사 단계의 피의자라고 하더라도 재판을 받고 유죄로 확정되기 전까지는 죄가 없는 것으로 추정하는 것이다. 국가라는 거대한 공권력 앞에 개인의 힘은 너무나 작기 때문이다.

헌법 제27조

④ 형사피고인은 유죄의 판결이 확정될 때까지는 무죄로 추정된다.

형사소송법 제325조

피고사건이 범죄로 되지 아니하거나 범죄사실의 증명이 없는 때에는 판결로써 무죄를 선고하여야 한다.

무죄 추정의 원칙이야말로 인류가 만들어 낸 원칙 중 가장 혁신적이며 인권을 중시하고 약자를 보호하는 안전장치이다. 무죄 추정의 원칙이 있기 때문에 유죄의 입증 책임은 검사가 지게 된다. 살인죄의 누명을 쓴 피고인이 있다고 가정해 보자. 재판도 하지 않고 미리 살인자로 몰고 가는 것은 헌법에서 보장하는 인간의 존엄성을 훼손하는 일이 된다.

무죄 추정의 원칙이 꼭 재판장에서만 지켜져야 하는 것은 아니다. 현실에서도 여론 몰이로 재판이 진행 중인 피고인을 이미 유죄 판결을 받은 죄인처럼 여기는 경우가 많다. 사건의 진실과 상관없이 여론에 따라 재판을 내리는 이른바 여론 재판은 헌법 정신에 어긋난다. 또한 유죄 판결이 있을 때까지 국가는 강제력을 행사하는 데 있어 피의자 또는 피고인을 무죄로 추정하고 신체의 자유를 해할 수 없다.

둘째, 적법 절차의 원칙이다. 적법 절차의 원칙은 국민의 권리를 제한하기 위해서는 반드시 국회가 법률로 정한 절차에 따라야 한다는 것이다. 죄를 저지르지 않았는데도 하는 짓이 마음에 들지 않는다는 이유로 다른 사람을 감옥에 가두고 고문할 수는 없다.

앞에서 살펴봤듯이 우리 헌법 제12조에는 법률과 적법한 절차에 따른 것이 아니면 처벌, 보안처분, 강제노역을 받지 않는다고 나와 있다. 따라서 적법한 절차가 아니고서는 국민을 함부로 처벌할 수 없다.

셋째, 진술거부권이다. 모든 국민은 진술거부권에 따라 수사기관이나 법원의 질문에 대해 진술을 거부할 수 있다. 진술거부권은 심문을 받을 때 우리가 누릴 수 있는 최고의 특권이다. 말하지 않을 권리라고 해서 진술거부권을 '묵비권'으로도 부른다.

헌법재판소는 헌법이 진술거부권을 기본 권리로 보장하는 것은 비인간적으로 자백을 강요하거나 고문하는 것을 뿌리 뽑으려는 데 있다는 점을 명확히 하고 있다. 다시 말해 피의자나 피고인의 인권을 국가 이익보다 우선함으로써 인간의 존엄성을 보호하기 위한 것이다.

진술거부권은 무고한 사람이 억울한 범죄자가 되는 것을 막기 위해 존재한다. 입을 다물어 사건의 진실을 숨기려는 흉악범이나 가해자를 위한 것이 절대 아니다. 진술거부권은 공권력에 맞서야 하는 힘없는 개인을 위한 권리로 보이지 않는 형법의 사각지대에서 국민을 보호한다.

따라서 피의자를 체포하거나 구속할 때는 반드시 '당신은 묵비권을 행사할 수 있고 당신이 하는 말은 당신에게 불리한 증거가 될 수 있으며 당신은 변호사를 선임할 권리가 있다'라는 미란다 원칙을 고지해야 한다. 또한 형사재판에서 재판장은 피고인에게 '진술을 거부할 수 있고 피고인에게 이익이 되는 사실은 진술할 수 있음'을 알려 주어야 한다.

판결을 뒤집은 조선의 명수사관

조선 시대에도 강력 범죄가 많았다. 양반이 자기 집에서 일하는 하인에게 살인죄를 뒤집어씌운 사건, 오빠가 여동생의 행동이 마음에 들지 않는다는 이유로 강물에 밀어서 살해한 사건, 아들의 살인을 덮어 주려고 했던 어머니를 아들이 오히려 살인자로 몰아간 사건도 있었다. 본처 자식들이 첩을 내쫓기 위해 저주를 했다는 누명을 씌운 사건은 물론이고 오늘날 살인, 상해, 폭행 등에 해당하는 범죄가 조선 시대에도 일어났다.

정약용은 조선 후기의 이름난 학자일 뿐 아니라 뛰어난 수사관이었다. 사건을 수사할 때 지위의 높고 낮음을 따지지 않았으며 증거를 바탕으로 사건의 진실을 조심스럽게 가려냈다. 정약용이 쓴 《흠흠신서》는 조선 시대의 판례를 모은 책으로 당시에 일어난 다양한 형사 사건이 기록되어 있다.

이 책에 따르면 정약용은 10년이나 지난 살인 사건에서 억울한 누명을 쓴 함봉련이 진범이 아님을 밝혀냈다. 사건의 내용은 다음과 같다. 군졸이었던 서필흥은 군량을 독촉하러 김대순의 집에 갔다가 대신 송아지를 끌고 나왔다. 뒤쫓아 온 김대순은 서필흥의 가슴 한복판을 자신의 무릎뼈로 짓찧고 송아지를 빼앗아 가다가 땔감을 등에 지고 지나가던 함봉련을 만났다. 함봉련은 김대순의 친척 집에서 일하는 머슴이었다. 김대순은 함봉련에게 서필흥이 송아지를 훔친 도둑이라고 말했고 이 말을 들은 함봉련은 서필흥의 등을 떠밀었다.

서필흥은 집으로 돌아갔으나 피를 토하고 그날 사망했다. 서필흥은 죽기 전에 나를 죽인 사람은 김대순이니 복수해 달라는 말을 남겼고, 부인은 남편의 말에 따라 김대순을 고소했다. 하지만 한성부의 1차 검안 보고서에서는 주범을 함봉련으로 지목했다. 그렇게 마을 유지라는 권력을 가진 김대순은 살인자가 아닌 증인이 되었다. 반대로 길을 가다가 서필흥의 등을 민 머슴 함봉련은 살인자라는 누명을 쓰게 되었다.

서필흥의 가슴 한복판에 검붉은색을 띤 자국이 있던 반면, 함봉련이 떠밀었다는 등에는 아무 상처도 발견되지 않았다. 더군다나 서필흥이 자신을 죽인 사람으로 김대순을 지목했는데도 김대순의 말만 믿고 다른 사람이 범인이 되었다. 증인들은 입을 모아 함봉련이 서필흥을 밀어서 사망했다고 진술했다. 2차 검안 보고서의 내용도 같았다.

당시 정약용은 오늘날 법무부 차관보에 해당하는 형조참의를 지냈다. 정약용은 범인이 꾸민 계략과 거짓 증언으로 함봉련이 살인죄를 뒤집어썼다는 것을 바로 알아챘다. 부실한 수사로 억울한 누명을 썼던 함봉련은 10년의 옥살이를 마치고 풀려날 수 있었다. 정약용이 아니었다면 함봉련은 살인죄로 결국 죽음을 맞았을 것이다.

백성을 굽어살피는 마음으로

다른 사건을 하나 더 살펴보자. 며느리 박 씨는 시어머니와 친척 사이의 불륜을 목격했다. 며느리에게 비밀을 들킨 시어머니와 친척은 박 씨를 살해하고 자살로 위장한 다음, 땅에 묻었다. 이를 수상하게 여긴 박 씨의 오빠가 재판을 요구하면서 살인 사건에 대한 수사가 시작되었다. 정약용은 제대로 된 수사를 위해 땅에 묻힌 시신을 다시 파내었고, 시신에서 목 뒤쪽에 찔린 칼자국을 확인했다.

정약용은 이 사건에서 살인이 자살로 위장되었다는 사실을 알아챘다. 자살일 경우, 자신의 목을 찌를 때의 고통으로 두 번은 찌르기 어렵다는 점과 사실상 목 뒤를 스스로 찌르는 일은 불가능하다는 점을 꿰뚫어 본 것이다. 결국 시어머니와 친척이 잡히

정약용은 백성을 위해 형사 사건을 기록한 《흠흠신서》를 썼다.

며 억울하게 살해당한 피해자의 진실이 밝혀질 수 있었다.

정약용은 《흠흠신서》 서문에서 형사 사건이 자주 발생하는 데도 고을 수령의 진상 조사가 미흡하고 범인을 잘못 잡을 때가 많다는 점을 꼬집었다. 사람의 목숨과 관련된 일인 만큼 형사 사건에 대한 전문성을 강조한 것이다. 또한 시문이나 읽던 관료가 일을 제대로 처리하지 못하고 돈만 밝히는 아전에게 형벌을 맡기는 세태를 한탄했다.

중국에서 들여온 법전이 있다고는 하나 고을 수령들은 형법에 대한 전문 지식이 아예 없는 경우가 많았다. 그래서 정약용은 조선을 위한 사건 판례집이 필요하다고 생각했다. 정약용은 조선에서 일어난 살인 사건을 조사하고 사례를 연구하며 자신이 형조참의와 암행어사로 지내며 경험한 내용을 《흠흠신서》에 녹여 냈다.

정약용이 한 일은 단순히 증거를 바탕으로 진실을 밝혀냈다는 것만이 아니다. 그는 수사관으로서 자신의 본분을 다하면서도 사건을 맡은 관료들의 잘못에 대해 비판을 서슴지 않았다. 정약용은 조직의 안위보다는 오로지 백성들을 위한 마음으로 억울한 사람이 나오지 않도록 수사했다. 지금으로 보면 피의자의 인권을 보장하는 동시에 증거재판주의를 실현한 셈이다.

진로 찾기 검사

우리나라 검사는 법무부 검찰청 소속이다. 범죄가 있을 때 법에 따라 기소를 진행하고, 재판이 열리면 법정에서 피고인의 범죄에 얽힌 진실을 밝히며 그에 맞는 형벌을 판사에게 청한다.

검찰에서는 검사를 "국민에 대한 봉사자이며 공익의 대표자로서 범죄를 수사하고 공소를 제기하여 피고인에게 그의 범죄행위에 합당한 형이 선고되도록" 하는 사람이라 소개한다. 법과 규칙을 적용하고 집행하는 검사의 일은 국민이 안심하고 살 수 있게 법질서를 수호하는 것이다.

검사는 때로는 피해자의 고통에 아파하고 권력의 유혹을 단호하게 뿌리치며 청렴과 겸손의 길을 걸어야 한다. 검사에게 가장 큰 보람이자 상은 바로 국민의 신뢰이다.

이준 검사는 우리나라 역사에서 모든 검사에게 가장 모범이 되는 인물이다. 그는 대한제국 최초의 검사이자 을사조약의 무효를 주장하기 위해 헤이그로 파견된 특사 중 한 명이었다. 검사 시절, 그는 권력의 압력에도 굴하지 않고 강직하게 부패한 고위 인사들을 처벌하려고 했다. 그는 검사로서 자신의 부끄러움을 고백하고 형법이 짓밟히는 현실에 분개하며 국민의 설움을 풀어 달라는 청원서를 올리기도 했다.

이준 검사처럼 우리 시대의 롤 모델이 되는 검사가 나오려면 끝없는 열정과 함께 부끄러움을 알고 정의의 추락을 두려워하는 마음을 가진 검사들이 많아져야 한다. 이준 검사는 우리나라의 1세대 검사로서 많은 사람에게 검사가 가야 할 길이란 어떠해야 하는가를 보여 주었다.

과거에는 검사가 되려면 사법 시험에 합격한 뒤 검사를 선택하고 임용되어야 가능했다. 지금은 로스쿨법학 전문 대학원에 입학해 과정을 마치고 변호사 시험에 합격한 후, 검사 임용 절차를 거쳐 신규로 임용되는 방식이다. 또한 경력을 쌓은 변호사들도 검사로 일할 수 있는 길이 열려 있다.

검사는 드라마와 영화에서 카리스마 있는 모습, 법 지식으로 악인을 처벌하는 모습 등 근사하게 등장하곤 한다. 그러나 검사의 권한이 막중한 만큼 짊어져야 할 책임과 역할도 크다. 만약 검사가 되기를 희망한다면 정의에 대한 깊은 고민으로부터 시작해야 한다.

진로 찾기 경찰

경찰은 시민들에게 친근한 공무원이다. 동네마다 파출소가 자리하고 범죄의 위험으로부터 늘 우리의 안전을 지켜 주기 때문이다. 경찰이 시민의 삶과 밀접하게 연관되어 있는 만큼 경찰을 향한 국민의 관심이 높을 수밖에 없다.

우리는 누구나 범죄가 발생하거나 범죄의 위험이 있으면 112를 누른다. 신고한 지 몇 분 만에 경찰관이 달려와 준다는 사실은 우리를 크게 안심시킨다. 경찰관들은 살려 달라는 신고를 접하면 가슴을 졸이며 한달음에 현장으로 출동한다. 택시에 남겨진 가방을 택시 운전사가 가지고 오면 주인을 찾아 주기도 하고, 음식점에서 취객이 부리는 난동이며 가정 폭력까지 수많은 사건과 사고를 처리한다. 이처럼 경찰의 업무는 범인을 검거하고 범죄를 예방하는 것은 물론, 법을 집행하는 것까지 매우 다양하다.

그렇다면 형사는 무엇일까? 형사는 사복을 입고 범죄를 수사하는 경찰관을 말한다. 수사과나 형사과에서 일하는 경찰들은 업무의 특성상 사복을 입고 근무할 수밖에 없다. 범인이 경찰 복장을 보면 도망가 버리기 때문이다.

실제로 사건을 맡아서 범인을 검거하는 형사들의 업무는 굉장히 위험하다. 형사들이 사건 해결을 위해 밤낮으로 범인을 찾아 헤매는 과정은 눈물겹기까지 하다. 피해자의 고통을 생각하며 범인을 잡기 위해 최선을 다하는 경찰들이 있기에 우리는 오늘도 안심하고 잠을 잘 수 있다.

경찰의 영역은 점점 넓어지고 있다. 해양경찰, 철도경찰, 교통경찰 등 소속과 업무에 따라 경찰의 종류도 다양하다.

백범 김구 선생은 오늘날 경찰청장에 해당하는 초대 경무국장이었다. 대한민국 임시정부에서 경찰의 기틀을 마련했기에 상징적인 1호 경찰관으로 평가받는다. 민주, 인권, 민생을 강조한 김구 선생의 뜻은 지금도 계속 이어지고 있다. 실제로 우리나라 경찰은 범인을 잡는 일부터 길거리를 헤매는 치매 할아버지를 집으로 데려다주는 일까지 시민을 위험으로부터 보호한다. 국민의 생명과 안전 그리고 인권을 최우선으로 하는 것이 경찰의 임무이다.

경찰관이 되기 위한 대표적인 경로는 경찰 공무원 시험을 통과하는 것이다. 경찰 공무원이 되기 위해서는 필기 시험과 체력 시험, 적성 검사 등을 준비해야 한다. 특정 대학을 필수로 졸업해야 하는 것은 아니지만 경찰 관련 학과가 있는 학교를 선택하면 경찰 시험이나 직무 이해에 도움이 될 수 있다.

3장

민법, 재산과 가족을 보호하다

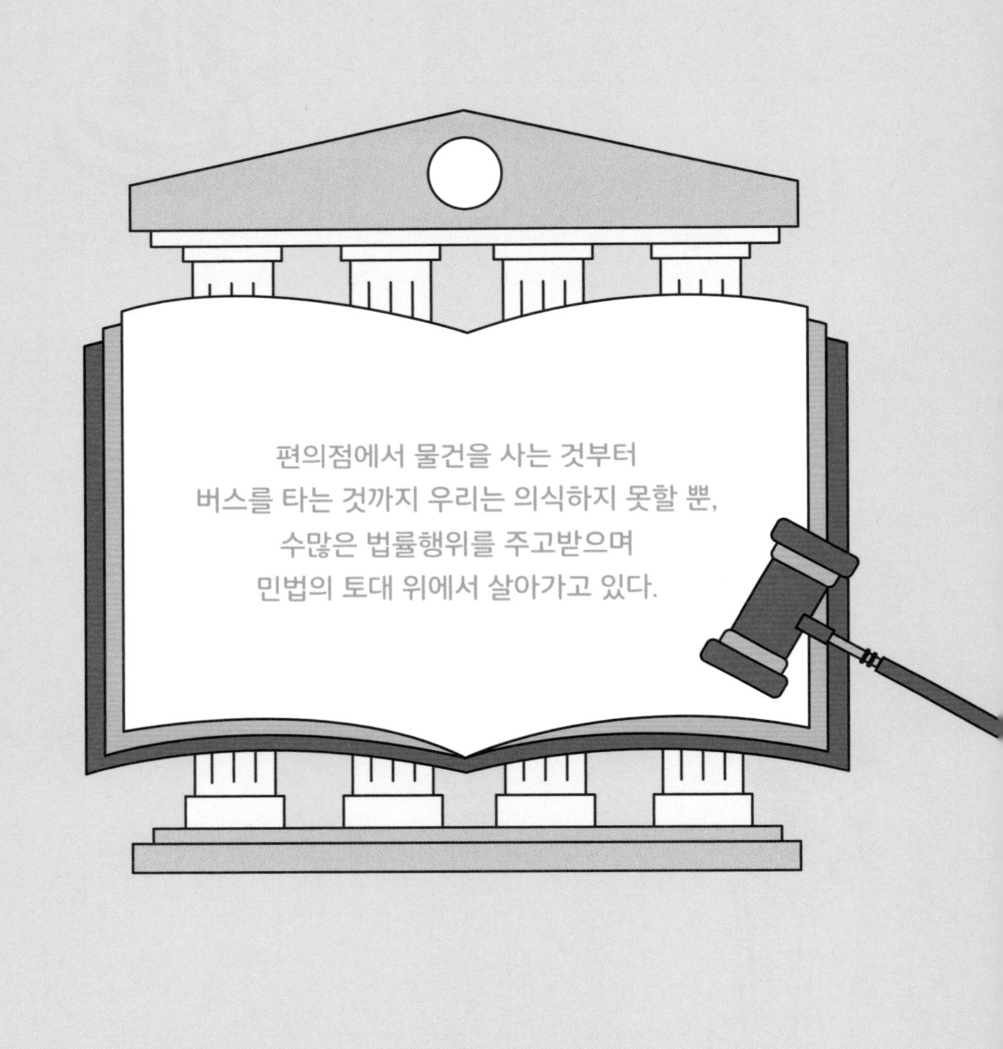
편의점에서 물건을 사는 것부터
버스를 타는 것까지 우리는 의식하지 못할 뿐,
수많은 법률행위를 주고받으며
민법의 토대 위에서 살아가고 있다.

슬기로운 민법 생활

《로빈슨 크루소》는 주인공 크루소가 무인도에 홀로 표류한 뒤, 28년 만에 고국으로 돌아오는 이야기이다. 영국의 작가 대니얼 디포가 1719년에 발표한 이 책은 크루소가 혼자 힘으로 식량을 구하고 식인종과 맞서며 무인도를 탈출하기까지의 과정을 담고 있다.

현실에서 인간은 크루소처럼 혼자서 살기 어렵기에 공동체를 이루며 살아간다. 공동체를 유지하기 위해서는 다툼과 분쟁이 생겨났을 때 평화롭게 문제를 해결하는 것이 중요하다. 그래서 국가는 사회 구성원의 합의를 거쳐 강제력을 지닌 법률을 만들어 냈다.

법률 중에서도 재산과 가족에 대해 규율한 것을 민법이라고 한다. 형식적 의미의 민법에는 법전으로 쓰인 '민법'이라는 성문법만 들어간다. 하지만 실질적 의미의 민법에는 재산이나 가족과 관련된 법률이라면 모두 포함한다. 예를 들어 주택임대차보호법, 이자제한법, 후견등기에 관한 법률, 가족관계의 등록 등에 관한 법률 등이 있다.

민법은 이처럼 우리 생활에서 재산과 가족을 보호해 주는 역할을 한다. 따라서 가장 폭넓고 조문이 많은 법이다. 우리 삶과 다방면으로 깊숙하게 관련되어 있는 만큼 잘 알아 두어야 하는 법인 것이다.

민법을 여는 황금 열쇠

민법에는 세 가지 황금 열쇠가 있다. 이 열쇠들은 민법을 지켜 주며 민법이 민법일 수 있도록 힘을 부여한다. 그리고 우리 삶이 평화롭고 공정하게 유지되도록 돕는다. 그렇다면 민법의 세 가지 황금 열쇠는 무엇일까?

첫째, 소유권 절대의 원칙이다. 오늘날 우리는 소유권 절대의 원칙이라는 황금 열쇠를 얻게 되면서 자신의 소유물을 그 누구에게도 빼앗기지 않게 되었다. 소유권이란 물건을 전면적으로 지배하는 권리를 말한다. 소유권을 가짐으로써 나의 물건에 대해 이루어지는 부당한 간섭을 피할 수 있다. 내가 가지고 있는 땅이나 돈, 책, 주전자 등은 나의 소유이고, 나의 소유는 절대적인 것이며, 국가라 하더라도 침해할 수 없다.

둘째, 계약 자유의 원칙이다. 이 황금 열쇠는 사적 자치를 인정

계약에 따라 이루어지는 법률관계는 계약 당사자의 자유에 맡겨진다.

한다는 뜻이다. 사적 자치는 말 그대로 개인의 자유로운 의사나 결정으로 이루어지는 법률행위를 말한다. 사적 자치에 따라 개인은 자신이 원하는 자동차를 사고자 계약할 수 있으며, 먹고 싶은 음식을 언제든 주문할 수 있다. 서로의 의사만 일치한다면 계약의 내용이나 방식에 있어 자유를 존중한다.

셋째, 과실 책임의 원칙이다. 과실 책임은 고의나 과실에 따라 내가 한 위법행위에 대해서만 책임을 지는 것이다. 다시 말해 내 잘못이 없는 결과에 대해서는 책임지지 않는다.

> **고의와 과실**
>
> 법에서 '고의'는 자신의 행위로 벌어질 결과를 알고 한 것, '과실'은 충분히 알 수 있었으나 주의를 기울이지 않아 모르고 한 것을 말한다. 민사재판에서는 고의와 과실을 크게 구분하지 않지만 형사재판에서는 고의냐 과실이냐에 따라 형벌이 달라진다.

이 세 가지 황금 열쇠는 근대 민법의 기본 원리이자 삶을 떠받치는 근간이 되었다. 하지만 자본주의가 발전하면서 빈부 격차가 심해지고 노동자와 사용자 사이에 불평등 계약, 소비자와 대기업 사이에 불공정 계약 등이 생겨나기 시작했다. 따라서 개인의 자유와 책임을 바탕으로 한 근대 민법의 기본 원리도 점차 수정되고 보완되기에 이르렀다.

먼저 소유권이 과연 절대적인 것인가에 대한 의문이 돋아나기 시작했다. 개인의 소유권은 존중받아야 마땅하지만 개인의 이익이 공공의 이익보다 더 크다고 할 수는 없다. 소유권에도 공공복리의 원칙이 적용되어야 했다. 따라서 나의 소유권 행사가 공공의 이익을 침해하고 저해한다면 소유권이라 하더라도 제한할 수 있게 되었다.

계약 자유의 원칙도 수정이 불가피했다. 근로관계에서 약자인 노동자가 불리한 계약을 맺는다거나, 서민이 급하게 돈을 빌리는 계약에서 이자가 너무 비싸다고 해 보자. 이러한 계약은 공정하지 못한 것이고 자본주의의 비극을 극대화한다. 따라서 계약 자유의 원칙 안에서 공정한 계약은 인정하고 불공정한 계약은 인정하지 않도록 수정과 보완을 거치게 되었다.

끝으로 민법은 과실 책임의 원칙을 기본으로 하지만 사회가 발전하면서 과실이 없어도 책임을 져야 하는 경우가 생겼다. 예컨대 기업이 환경법 기준에 맞게 운영했다 하더라도, 환경 오염으로 피해가 발생했다면 책임을 질 수밖에 없다. 이제는 이런 무과실 책임주의가 다양한 영역에서 인정되고 있다.

편의점에서 병원까지

우리는 하루에도 수많은 계약을 맺으며 살아간다. 계약은 서로의 의사가 맞아떨어질 때 이루어진다. 계약에서 '청약'은 일정한 내용의 계약을 체결하자는 의사를 표시하는 것이다. 이때 상대방이 '승낙'을 하면 계약이 성립한다.

예를 들어 편의점에서 우유를 골라 계산대로 가지고 가면 우유를 사겠다는 청약을 하는 것이고, 편의점 직원이 우윳값을 받는 승낙으로 계약이 이루어진다. 버스를 타거나 소설책을 한 권 구입하는 것도 청약과 승낙을 통한 계약이다. 우리가 매일 살아가는 일상의 대부분은 이러한 계약을 통해 돌아간다. 하루에도 수많은 법률행위가 오고 가는 것이다. 우리는 의식하지 못할 뿐 민법의 토대 위에서 살아가고 있다.

계약에는 권리와 의무가 따라온다. 우유를 사는 나에게는 돈을 낼 의무와 함께 우유를 나의 소유로 삼을 수 있는 권리가 생긴다. 반대로 편의점은 우유를 고객에게 줄 의무와 그에 맞는 돈을 받을 권리를 가진다. 다시 말해 우유를 사는 계약에서 나는 우유의 소유권을 가지게 되지만, 편의점은 우유에 대한 소유권을 잃는다.

환자가 의사에게 진료를 의뢰하고 치료를 받는 것도 계약이다. 의료 계약에도 당연히 권리와 의무가 발생한다. 환자에게는 질병의 치료와 간호 등 의료 서비스를 받을 권리가 있다. 또한 환자는 의사의 진료에 협조하고, 의사는 환자를 낫게 하기 위해 최선을 다해야 할 의무가 있다. 민법의 권리와 의무는 이처럼 다양한 생활 영역에서 생겨나고 없어진다.

한 여성이 병원에서 복부 지방을 제거하는 수술을 받았다. 이 여성은 비행기를 타기 위해 공항에서 보안 검색대에 올라갔다. 그런데 갑자기 금속 탐지기가 울렸고 엑스레이 촬영 결과, 몸속에서 집게가 발견되었다. 의료 사고의 피해자가 된 여성은 수술

이후에 복부 통증을 호소했지만 병원에 무시당했으며 변호사를 선임하기 전까지 사과조차 받지 못했다.

의료 계약을 하게 되면 의사는 환자에게 의무가 생긴다고 했다. 진료 의무, 설명 의무, 주의 의무, 환자의 비밀을 지킬 의무, 진료기록을 쓰고 보존할 의무 등이다. 의사의 과실로 발생한 의료사고에 대해서는 의사가 법적 책임을 져야 한다.

만약 병원에 갔는데 환자가 많다는 이유로 의사가 환자에게 먹어야 하는 약과 의료행위에 대해 제대로 설명해 주지 않는다면 어떻게 해야 할까? 당당하게 의사는 환자에게 설명 의무가 있다고 말하며 궁금한 것을 물어보면 된다. 또한 의료 소송을 진행할 경우, 피해자는 의료 과정에서 일어난 과실을 입증하기 위해 재빨리 진료기록을 확보해야 한다.

우리의 하루는 민법을 만나는 하루이며 민법은 우리의 생활이다. 소유권, 계약, 가족관계 등에 대한 일을 다루는 민법은 우리와 가장 가까운 법이자 꼭 필요한 법이라고 할 수 있다. 민법을 알아야 나와 가족의 피해를 미리 막을 수 있으며 안전하고 행복한 생활을 계속할 수 있다.

계약이 성립하기 위한 조건

드라큘라가 한 여성에게 많은 돈을 줄 테니 매일 피를 100밀리리터씩 달라는 계약을 제안했다. 드라큘라가 피를 요구하는 행위는 자신이 원하는 것에 대한 의사 표시이다. 계약의 청약과 승낙이 이루어졌고 여성은 계약서에 사인까지 했다. 이 계약은 성립할 수 있을까?

드라큘라와 여성 사이의 계약은 법적 효력을 지니지 않는다. "선량한 풍속 기타 사회질서에 위반한 사항을 내용으로 하는 법률행위는 무효로 한다."라는 민법 제103조에 따라 무효가 되기 때문이다. 남의 건강을 해치고 목숨까지 위협하는 계약은 성립할 수 없다. 이것은 계약이 아니라 권리를 남용하고 사회질서에 어긋나는 행위이다. 따라서 드라큘라는 여성에게 피를 요구할 수 없다.

다른 예를 살펴보자. 어느 날, 한 남학생이 대학교를 같이 다니는 여학생을 짝사랑했고, 여학생 모르게 혼자 혼인신고를 했다. 이 경우에 남학생과 여학생은 법률상 부부로 인정될까? 답은 '아니오'이다. 법률행위에 효력이 생기려면 그 행위의 당사자에게 그렇게 하겠다는 의사와 함께 의사 능력과 행위 능력이 있어야 하기 때문이다.

의사 능력과 행위 능력

'의사 능력'은 자신의 행동에 대한 의미와 결과를 이해하고 판단할 수 있는 능력이다. '행위 능력'은 독자적으로 유효한 법률행위를 할 수 있는 능력을 말한다.

남학생이 일방적으로 한 혼인신고에서 여학생의 의사는 없었다. 여학생은 남학생과 부부가 되겠다고 표현한 적도, 혼인신고에 합의한 적도 없다. 따라서 남학생의 혼인신고는 무효가 된다. 민법에서 무효란 처음부터 그런 일이 일어나지 않았다고 보는 것이다.

무효는 우리가 자주 쓰는 취소와 다르다. 무효는 효력이 없는 상태를 말한다. 반면에 취소란 일단 유효하게 성립했지만 나중에 그 효력을 없애는 행위이다. 우리 법에 따르면 사기나 강박, 착오 등에 따른 법률행위는 취소할 수 있다.

결혼식을 올리고 혼인신고를 한 경우는 어떨까? A와 B는 결혼식 이후에 혼인신고를 깜빡했다. 그러다가 A가 사고로 혼수상태에 빠졌고 B는 부랴부랴 혼인신고를 했다. A와 B는 결혼식에서 부부가 되겠다는 의사를 표시했으니 B의 혼인신고는 유효할까?

이 경우에도 혼인신고는 무효이다. 따라서 A와 B는 법률상 부부가 되지 않는다. 혼수상태라는 것은 정신적으로 판단을 내릴 수 없는 상태를 말한다. 결혼식에서 사람들의 축복을 받으며 부부의 서약을 맺고 혼인신고를 할 마음이 충분했다고 하더라도 혼인신고를 할 당시에 A는 혼수상태였다. 따라서 의사 능력이 전혀 없다고 봐야 한다.

민법에서는 이렇게 의사가 있었는지, 의사 능력과 행위 능력이 있었는지가 효력 발생에 있어서 중요한 요소가 된다. 따라서 피를 달라고 하는 반사회질서 행위, 의사 무능력 상태에서 이루어진 법률행위는 무효가 된다.

합리적인 법률행위는 내가 하는 의사 표시의 중요성을 확실하게 아는 것으로부터 출발한다. 영국의 극작가 셰익스피어가 쓴

《베니스의 상인》을 보면 악덕 사채업자의 대명사가 된 샤일록이라는 인물이 나온다. 샤일록은 돈을 돌려받는 대신 살 1파운드를 베어 달라는 재판에 지고 나서 사인을 할 때 놀라운 모습을 보여준다.

샤일록은 마지막까지 침착하게 사인해야 할 서류를 꼼꼼히 검토한다. 이렇듯 어떤 순간에도 내가 하는 의사 표시와 그 행위가 법률적으로 어떤 효력을 가져오는지를 생각해야 한다. 혹시라도 누군가 빨리 사인을 하라고 보챌 때는 "읽어 보고 사인하겠습니다!"라고 당당하게 말하면 된다.

계약서대로 살을 가져가는 대신 피를 단 한 방울도 흘려선 안 된다는 재판관의 말에 샤일록(왼쪽 중앙)은 당황한다.

권리를 행사할 때 주의할 점은 무엇일까?

권리를 가지고 있어도 사용하지 않고 쿨쿨 잠이나 자고 있다면 어떻게 될까? 루돌프 폰 예링은 "권리 위에 잠자는 자는 보호받지 못한다."라는 유명한 말을 남겼다. 그는 자신의 책《권리를 위한 투쟁》에서 법과 권리의 목적은 평화이고, 평화에 이르는 수단은 투쟁이라고 썼다. 또한 권리자가 권리를 주장하는 것은 자신의 인격을 주장하는 일과 같다고 했다.

예링은 권리를 주장하고 행사하는 데 가로막는 것이 있다면 투쟁하라고 했다. 그런데 권리를 적극적으로 주장하기는커녕 자신의 권리가 무엇인지도 모른다면? 아마도 예링은 "너의 권리는 끝났어! 내가 말했잖아. 법과 권리는 살아 있는 힘이라고. 권리를 사용하지 않은 대가를 치러야지."라고 말할지도 모른다.

독일의 법학자인 루돌프 폰 예링

권리에도 수명이 있다?

권리는 이익을 가져오는 법률적 힘이라고 할 수 있다. 만약 권리가 있는데도 오랫동안 행사하지 않는다면 어떻게 될까? 권리는 소멸하고 말 것이다.

예를 들어 돈을 빌려준 상대에게 아무런 말도 하지 않다가 돈을 돌려받기로 한 시기로부터 10년이라는 세월이 흘러가 버렸다. 돈을 빌려준 사람은 갑자기 정신이 번쩍 들었다. 이제라도 돈을 받아야겠다는 생각이 들었지만 돈을 받을 권리는 이미 사라졌고 소송을 하더라도 이길 가능성이 낮았다.

돈을 빌린 사람은 도덕의 관점에서 늦게나마 돈을 갚아야 맞다. 하지만 법적으로 꼭 그래야 할 의무는 없다. 민법에서는 돈을 돌려받을 권리를 10년간 행사하지 않으면 소멸시효가 완성된다고 본다. 권리 위에 잠자는 자를 보호하지 않는다는 것을 분명히 밝힌 것이다.

시효에는 소멸시효뿐만 아니라 취득시효가 있어서 권리가 없었던 사람이 권리를 가지기도 한다. 예를 들어 민법 제245조에 따라 20년간 평온하고 공연하게 소유의 의사로 사용하지 않는 땅

소멸시효와 취득시효

'소멸시효'란 권리를 일정 기간 행사하지 않는 경우에 권리가 소멸했다고 보는 것이다. '취득시효'란 일정 기간 계속해서 소유의 의사로 사실상 지배한 경우에 그 재산의 소유권을 가지게 되는 것을 말한다.

에 농사를 지은 사람은 등기함으로써 소유권을 취득한다. 원래는 권리가 없었지만 권리를 새로이 취득한 것이 되므로 20년은 취득시효의 기간에 해당한다.

권리 남용을 막아라!

우리의 권리는 소중하다. 우리는 자신의 권리를 이해하고 잘 지켜야 한다. 그런데 권리라고 언제나 존중받는 것은 아니다. 민법에는 신의성실의 원칙이라는 것이 있다. 사회 공동체의 일원으로 권리를 행사할 때는 상대방의 믿음을 저버리지 말고 성의 있고 성실하게 행동해야 한다는 원칙이다.

만약 나에게 돌아올 이익이 없는데도 남을 괴롭히기 위해 권리를 행사한다면 이는 권리 남용이 된다. 민법에서는 권리 남용을 금지하기 때문에 이 경우에 법률 효과는 일어나지 않는다.

민법 제2조

① 권리의 행사와 의무의 이행은 신의에 좇아 성실히 하여야 한다.

② 권리는 남용하지 못한다.

실제 사건을 들여다보자. 마을에 수십 년 동안 주민들이 써 온 도로가 있었다. 토지 소유자는 토지를 살 때 이미 토지 안에 도로가 있다는 것을 알고 있었다. 도로가 폐쇄되면 마을로 들어가는 길은 완전히 끊어지고 주민들의 통행이 불가능했다. 그런데 토지 소유자는 자신의 권리를 행사하겠다며 도로를 철거하거나 주민들의 통행을 금지해 달라 법원에 청구했다.

이 사건에 대해 대법원은 토지 소유자의 주장을 권리 남용으로 판단했다. 권리의 행사가 주관적으로 오직 상대방에게 고통을 주고 손해를 입히려는 데 있다고 보았기 때문이다. 권리를 행사하는 사람에게는 이익이 없고, 객관적으로 사회질서에 위반된다고 볼 수 있으면 그 권리의 행사는 권리 남용으로 허용되지 않는다. 대법원은 다른 사건의 판결문에도 권리 남용이 무엇인지 다음과 같이 밝혔다.

> 권리 행사자에게 아무런 이익이 없는데도 상대방을 괴롭히기 위해 권리를 행사하거나 권리 행사에 따른 이익과 손해를 비교하여 권리 행사가 사회 관념에 비추어 도저히 허용할 수 없는 정도로 막대한 손해를 상대방에게 입히게 한다거나 권리 행사로 말미암아 사회질서와 신의성실의 원칙에 반하는 결과를 초래하는 경우에는 권리 남용으로서 허용되지 않는다.
>
> \- 대법원 2020다254280

우리는 화장실에 들어갈 때와 나올 때 마음이 다르다는 말을 하곤 한다. 사람의 마음은 곧잘 달라지기 마련이다. 그런데 계약을 하고 나서 자신의 기분에 따라 특별한 사유 없이 계약을 해지하려고 한다면, 계약을 믿고 진행한 상대방은 생각지 못한 손해를 보게 된다. 민법은 이런 황당한 일로부터 우리를 지켜 줄 뿐만 아니라, 서로를 존중하고 신뢰하는 사회를 만드는 데 앞장선다.

나의 재산을 지키는 비결

우리는 자본주의 사회를 살아가고 있다. 자본주의 사회에서는 다양한 사람의 이해관계가 충돌하고, 계약에 있어 서로의 입장 차이가 극명하게 나뉠 때가 많다. 재산에 대한 문제로 다툼이 일어날 때 우리는 민법을 통해 문제를 해결한다.

채권을 증명하기

민법에서 재산에 대한 문제는 채권과 물권으로 구분된다. '채권'은 사람 사이의 권리로, A가 B에 대해 특정한 행위를 하라고 요구할 수 있는 권리이다. A와 B처럼 특정한 개인이 특정한 개인에 대해서만 요구할 수 있고 제3자에게는 주장할 수 없다.

예를 들어 B가 급하게 돈이 필요해서 A에게 3,000원을 빌리게 되면, 이때부터 A와 B는 채권자와 채무자라는 법률관계가 생긴다. B는 빌린 돈을 기한 내에 갚아야 하는 채무를 가지게 되고, A는 3,000원을 받아야 하는 채권을 가지게 된다. 채권이 물권과 가장 다른 점은 이처럼 행위의 대상이 정해져 있다는 것이다.

채권은 돈이나 물건을 빌리고 갚는 소비대차 말고도 매매나 증여, 고용, 위임, 임대차 등을 포함한다. 채권법에서는 계약 자유의 원칙에 따라 자유롭게 법률행위를 할 수 있다. 따라서 C는 지갑을 중고 시장에 팔려고 할 때 더 비싼 값을 치르려는 사람, 현금으로 바로 지불이 가능한 사람 등 계약의 대상을 자유롭게 선택할 수 있다.

앞선 예시로 다시 돌아와 채무자인 B가 돈을 갚지 않는다면 A는 어떻게 해야 할까? 계약서는 이런 예기치 못한 문제를 해결하기 위해 중요하다. 채무자 입장에서는 돈을 빌리지 않았다고 발뺌하면 그만이다. 다시 말해 채권자 입장에서는 돈을 빌려줬다는 증거가 없으면 돈을 떼일 수 있다.

채권자와 채무자는 반드시 몇 날 몇 시에 돈을 빌렸다는 차용증과 돈을 갚았다는 영수증을 주고받아야 한다. 또한 채무자가 돈을 갚는 것을 미룰 경우에 대비해 밀린 날짜만큼 치를 이자를 미리 정해서 계약서에 쓰는 것이 좋다.

법률행위를 할 때에는 어떤 경우에도 증거를 남겨야 한다. 차용증과 영수증을 챙겨 놔야 내가 돈을 빌려주거나 갚았다는 사실을 법적으로 증명할 수 있다. 또한 돈을 주고받을 때는 반드시 은행으로 돈을 송금해서 기록을 남겨 놓는 것이 안전하다. 아무리 친한 사이라 하더라도 법률행위에 있어서는 냉철해야 한다.

물권의 물건이란

'물권'은 물건에 대한 사람의 지배를 말하며 직접 지배하는 것이 특징이다. 채권은 특정인에게만 권리를 주장할 수 있지만, 물권은 모든 사람에게 자신의 권리를 주장할 수 있다. 또한 채권과 달리 특정인의 행위가 필요하지 않다.

물권에서 물건은 동산과 부동산으로 이루어져 있다. 부동산은 힘으로 움직여 옮길 수 없는 집이나 토지를 가리킨다. 그 밖에 돈, 스마트폰, 헤드셋 등 나머지는 모두 동산으로 보면 된다. 물권에서 물건이 무엇인가는 굉장히 중요한 문제이다. 우리가 숨 쉬는 공기나 파도치는 바다는 물건이 될 수 없다. 타인을 배제하고 홀로 지배하는 것이 사실상 불가능하기 때문이다.

그렇다면 개와 고양이 같은 동물은 물건일까 아닐까? 민법 제98조에서는 물건을 '유체물 및 전기 기타 관리할 수 있는 자연력'이라 정의하고 있다. 여기서 유체물이란 인간이 감각으로 인식할 수 있는 형태를 가진 대상을 말한다. 다시 말해 우리 민법은 개와 고양이를 유체물, 즉 물건으로 보고 있다. 만약 누군가 내 반려동물인 고양이를 죽여도 재물을 망가뜨린 죄인 재물손괴죄가 성립

2024년 기준으로 우리나라에서 개와 고양이 같은 동물의 법적 지위는 '물건'에 해당한다.

한다. 고양이는 물건이기 때문이다.

우리는 동물을 물건처럼 대하고 학대하는 일을 뉴스로 자주 접한다. 연쇄 살인마 중에는 살인을 시작하기 전에 동물을 반복해서 죽인 경우가 많다. 이런 잔혹한 행위는 결국 생명의 소중함을 잃어버리게 만든다.

동물 학대가 뉴스 보도를 타면서 동물의 법적 지위를 바꿔야 한다는 목소리가 높아졌다. 이에 동물은 물건이 아니라는 내용의 법안이 만들어졌고 현재 국회에서 논의하고 있다. 세상을 바꾸는 것은 이처럼 법안을 하나하나 새롭게 살펴보고 바꿔 나가는 일로부터 힘차게 시작된다.

물권의 종류에는 여덟 가지가 있다. 그중 우리가 가장 많이 알고 있는 것이 소유권이다. 이 밖에도 점유권, 전세권, 저당권, 지역권, 지상권, 유치권, 질권이 있다. 물권은 소유권처럼 사용하며 수익을 내고 처분까지 가능한 완전물권과 권리의 일부만 제한적으로 가지는 제한물권으로 구분할 수 있다. 제한물권은 다시 전세권처럼 사용하는 것에 중점을 둔 용익물권과 저당권처럼 물건을 다른 것과 교환할 때의 가치에 중점을 둔 담보물권으로 나누어진다.

진짜 소유권자는 누구?

어느 날, D의 가족은 강원도로 이사를 가게 되었다. D는 이번에 집을 사려고 한다. 집을 사려면 어떻게 해야 할까? 원하는 집을 소유한 사람을 만나 매매 계약을 체결하면 된다. 이처럼 소유권은 한 사람에게만 영원히 있는 것이 아니다. 소유권자는 언제든 바뀔 수 있다. 동산이든 부동산이든 마찬가지이다.

따라서 부동산을 사려는 사람은 이 사람이 진짜 소유권자인지 꼭 확인해야만 한다. 진짜와 가짜를 확실히 구분하기 위해서 민법에서는 공시를 중시한다. 공시란 공개적으로 널리 알린다는 뜻이다. 다시 말해 물권의 변동을 누구라도 알 수 있게 하는 것이다. 부동산의 경우에는 등기를 하고, 동산의 경우에는 해당 물건에 대한 점유를 하면 된다.

민법 제186조

부동산에 관한 법률행위로 인한 물권의 득실변경은 등기하여야 그 효력이 생긴다.

D의 가족은 마음에 드는 집을 발견했다. D는 사고자 하는 집의 등기가 제대로 되어 있는지, 집주인이 집을 소유한 사람이 맞는지 확인하는 절차를 밟았다. D의 가족은 집을 계약하기로 마음먹고 부동산 매매 계약서를 작성했다.

가족이라는 약속

결혼은 가족의 탄생이다. 결혼을 하고 아이를 낳고 함께 늙어 가며 죽어서 재산을 물려주기도 한다. 많은 사람의 축복을 받으며 식을 올린 두 사람은 혼인신고를 통해 친족이라는 관계를 맺게 된다.

그렇다면 친족이란 무엇일까? 친족은 혈족과 인척으로 나뉜다. 혈족은 흔히 말하는 '피를 나눈 사이'이다. 다시 말해 부모와 형제처럼 혈연으로 만들어진 관계를 말한다. 이에 반해 인척은 배우자와 배우자의 부모, 배우자의 형제 등 결혼으로 만들어진 관계를 말한다. 민법은 친족을 8촌 이내의 혈족, 4촌 이내의 인척 그리고 배우자로 보고 있다.

호주제가 사라지기까지

우리나라 가족법 역사상 가장 큰 변화는 호주제 폐지이다. 호주제는 가족의 주인호주을 두는 제도를 말한다. 호주제가 폐지되기 전까지 남성 호주를 중심으로 가족 구성원의 출생과 사망, 혼인 등을 기록한 호적이 만들어졌다.

호주제는 심각한 사회 문제를 불러왔다. 이혼 후에 어머니가 자식을 혼자 키워도 아버지가 여전히 호주였고 어머니는 동거인에 불과했다. 재혼 가정의 혼란은 말할 것도 없었다. 동시에 뿌리 깊은 남아 선호 사상이 남녀 불평등을 더욱 부추겼다. 아들이 있어야 대를 이을 수 있다는 생각에 아이를 낳지 못하는 여성을 죄인처럼 여겼고 아들과 딸을 차별했다. 실제로 태아의 성별을 미리 알아내 아들이면 낳고 딸이면 불법으로 낙태하는 일이 이루어졌다.

아들만 많이 낳으려고 하다 보니 남성과 여성의 성비 불균형이 생기기도 했다. 남성의 수가 여성의 수를 훨씬 넘어서는 현상은 개인의 연애와 결혼뿐만 아니라 사회 전체에 바람직하지 못한 모습으로 나타났다. 결국 호주제를 폐지하라는 여론이 커졌고 헌법재판소에서 위헌이라는 결정을 내림으로써 호주제는 사라지게 되었다.

호주제 폐지 찬반

2005년에 호주제가 폐지되기 전까지 찬반 입장이 거세게 부딪쳤다. 호주제는 우리의 전통 문화이자 미풍양속이라며 폐지를 반대하는 입장과 가부장적인 남자 중심의 혈통으로 불평등을 심화하기에 폐지를 찬성하는 입장으로 나뉘었다.

> 호주제는 당사자의 의사나 복리와 무관하게 남계 혈통 중심의 가의 유지와 계승이라는 관념에 뿌리박은 특정한 가족관계의 형태를 일방적으로 규정·강요함으로써 개인을 가족 내에서 존엄한 인격체로 존중하는 것이 아니라 가의 유지와 계승을 위한 도구적 존재로 취급하고 있는데, 이는 혼인·가족생활을 어떻게 꾸려 나갈 것인지에 관한 개인과 가족의 자율적 결정권을 존중하라는 헌법 제36조 제1항에 부합하지 않는다.
>
> \- 헌법재판소 2005. 2. 3. 2001헌가9 등

호주제 폐지 이후 우리는 가족관계등록법에 따라 호적이 아닌 가족관계등록부를 사용하고 있다. 이제 집안에 주인이 따로 있지 않다. 가족의 주인은 가족 모두이다. 가족은 사랑을 배우고 협력하는 관계이며 우리 법은 이를 보장하고 있다.

결혼과 이혼이라는 계약

우리는 살면서 많은 사람을 만난다. 평생을 함께하고 싶은 사람을 만나 결혼을 하기도 한다. 앞서 말했듯이 법적인 부부관계는 결혼식만 올린다고 성립하지 않는다. 서로 사랑하고 함께 산다고 하더라도 민법에서 요구하는 혼인신고를 하지 않으면 법적인 부부로 인정받을 수 없다. 다만 이 경우에 사실혼이 성립한다. 사실혼이란 사실상 부부의 관계에 있으나 혼인신고를 하지 않아서

법적인 부부가 아닌 상태를 말한다. 반대로 법적 절차를 밟아 부부가 된 상태를 법률혼이라 한다.

법적인 부부관계인지 아닌지는 두 사람 중 한 명이 갑자기 사망했을 때 나머지 사람이 상속을 받을 수 있느냐의 문제로 이어진다. 법률혼의 부부여야 상속을 받을 수 있기 때문이다. 이혼을 할 때에도 법률혼은 협의이혼과 재판상 이혼으로 나뉘어 절차를 밟는 반면, 사실혼은 당사자 사이의 전화나 문자로 간단히 관계가 종료된다. 법률혼과 사실혼은 이처럼 상속과 이혼, 관계의 종료에 있어서 커다란 차이를 가지고 있다.

민법에서는 만 18세가 되면 혼인할 수 있다. 다만 미성년자가 혼인을 하는 경우에는 부모의 동의가 필요하다. 혼인을 한 상태에서 다른 사람과 다시 혼인하는 중혼은 금지된다. 이혼하고 다시 혼인하는 것은 가능하지만 두 사람과 동시에 혼인할 수는 없다. 배우자를 1명만 두는 일부일처제가 가족법의 근간이기 때문이다.

부부관계에도 법적 의무가 있을까? 민법에서 부부는 동거하며 서로 부양하고 협조해야 한다. 정당한 이유 없이 무작정 집을 나가서 돌아오지 않은 세월이 10년이라면 부부의 의무를 저버린 것이다. 사랑이 죄냐고 큰소리치며 당당하게 바람을 피우는 것도 의무를 위반한 것이다. 이렇듯 결혼은 아름다운 것이지만 부부로서 지켜야 할 의무가 있다는 점을 명심해야 한다.

혼인관계를 끝내는 이혼에서 협의이혼과 재판상 이혼은 어떻게 다를까? 먼저 협의이혼을 살펴보자. A와 B는 사랑해서 결혼했지만 같이 살면서 다툼이 잦아졌다. 그리고 더는 부부로 사는 것이 서로에게 불행한 일이라는 결론을 내리게 되었다. 두 사람은 이혼에 합의하고 협의이혼을 위해 가정법원에 찾아갔다.

이혼을 신청하면 가정법원에서 절차에 대한 안내를 받고 이혼 숙려 기간을 보낸다. 이혼 숙려 기간은 성급한 이혼을 막기 위해 다시 한번 진지하게 생각해 보고 결정할 수 있게 하는 제도이다. 부부 사이에 미성년 자녀가 있으면 3개월, 미성년 자녀가 없으면 1개월이라는 시간이 주어진다.

이혼 숙려 기간이 지나면 법원은 결정에 변함이 없는지 다시 확인한다. A와 B는 서로의 축복을 빌어 주며 이혼했다. 결혼도 계약이지만 이혼도 계약이다. 이혼할 때는 재산 분할이 제일 중요하다.

다음으로 재판상 이혼은 배우자의 부정한 행위, 악의의 유기, 기타 혼인을 지속하기 어려운 중대한 사유 등을 원인으로 한다. 악의의 유기란 배우자가 부부의 의무인 동거·부양·협조 의무를 이행하지 않는 것을 말한다.

결혼이 가족의 시작이듯 이혼은 가족의 끝이다. 따라서 결혼과 이혼에 있어 매우 신중해야 한다. 가족을 만드는 일은 한 사람의 문제가 아니기 때문이다. 결혼과 이혼은 선택이며 그에 따른 책임이 따른다는 사실을 기억하자.

진로 찾기 판사

사람의 얼굴을 한 따뜻한 판결은 사회를 지탱하는 역할을 하다. 또 다시 저지르기 쉬운 범죄를 예방하는 힘이 되기도 한다. 판사는 미래에 인공지능이 대체할 것으로 곧잘 거론되는 직업 중 하나이다. 하지만 인공지능 판사가 절대로 할 수 없는 일이 있다. 바로 인간을 사랑하는 마음으로 판결을 내리는 일이다.

소년부 판사로 우리에게 많은 감동을 준 천종호 판사는 가난한 집에서 태어나 어려서부터 꿈이 판사였다고 한다. 천종호 판사는 어려운 처지에서 범죄의 유혹에 넘어간 소년범들이 다시는 죄를 짓지 않도록 비행 청소년뿐만 아니라 보호자인 어른도 함께 호통치는 것으로 잘 알려져 있다. 천종호 판사는 판사의 권력을 자신의 것으로 착각하는 태도를 경계하며, 판사는 어디까지나 국민의 봉사자라는 점을 몸소 실천한다.

판사는 우리 모두가 알고 있듯이 재판에서 판결을 내리는 일을 한다. 그런데 판사가 재판에 참석한 사람의 말에는 귀 기울이지 않고 자신의 편견과 감정에 치우친다면 어떻게 될까? 그 판결은 사실상 잘못된 판결이 될 수밖에 없을 것이다.

판사는 두 눈을 가린 정의의 여신처럼 피고인에 대한 선입견 없이 재판에 임해야 한다. 또한 정의의 여신이 든 저울처럼 공정한 재판을 위해 노력해야 한다. 징역이나 금고 등 형벌의 정도를 정할 때는 늘 하던 대로 판단하기보다는 법과 원칙에 따라 그때그때 신중하게 판단해야 한다.

남의 말을 잘 듣는 것은 판사에게 꼭 필요한 능력이다. 변호사와 검사의 주장 그리고 피고인, 피해자, 증인의 말을 경청할 때에만 올바른 판결을 내릴 수 있기 때문이다. 요즘 시대에는 말을 잘하는 것이 더 중요한 능력처럼 보이지만 사실은 다른 사람의 말을 경청하는 것이야말로 가장 어려운 일이다.

판사가 내리는 판결은 우리 실생활에 많은 영향을 끼치고 있다. 판사 또한 국민을 위해 일하는 사람이며 절대로 국민 위에 군림할 수 없다. 판사가 되는 과정도 우선은 로스쿨을 나와 변호사 시험을 합격하는 것으로부터 출발한다.

많은 사람이 아직도 사법에 대한 불신을 가지고 있다. 이에 대한 책임은 판사들에게 있을 것이다. 사법의 미래는 새로운 세대에게 있다. 사람을 향한 사랑과 따뜻한 마음을 가지고 있다면 누구나 훌륭한 판사가 될 수 있다.

진로 찾기 **변호사**

〈이상한 변호사 우영우〉라는 드라마를 보면 "제 이름은 똑바로 읽어도 거꾸로 읽어도 우영우입니다."라고 자신을 소개하는 주인공이 나온다. 우영우는 천재적인 암기력으로 사람들을 놀라게 하곤 한다. 한편으로 자폐 스펙트럼 장애를 가지고 있어 회전문을 통과하는 것을 어려워하는 모습을 보인다. 우영우는 드라마 제목 그대로 우리에게 새로운 변호사의 모습을 보여 주는 이상한 변호사이다.

〈이상한 변호사 우영우〉는 우영우가 한 명의 변호사로 성장하는 과정을 보여 주며 많은 사람에게 큰 감동을 주었다. 그 이유는 무엇일까? 우영우처럼 솔직하고 정의로우며 사건을 끝까지 파헤치는 변호사가 우리 사회에 필요하다고 생각했기 때문은 아닐까?

현실에서 변호사는 법정에서뿐만 아니라 법정 밖에서 다양한 일을 한다. 주된 활동 영역은 민사 사건이나 형사 사건, 가족 사이의 분쟁 등에 따른 소송에서 변론을 하는 것이다. 요즘은 이혼율이 높아지며 이혼만 전문으로 맡는 변호사가 있다. 부동산 전문 변호사도 있다. 이렇듯 각자의 전문 영역을 가지고 활동하는 변호사들이 많아진 덕분에 오늘날 우리는 더욱 질 높은 법률 서비스를 받을 수 있게 되었다.

우리나라에서 존경받는 변호사로는 조영래 변호사와 이태영 변호사가 있다. 조영래 변호사는 불의에 맞서 인권과 자유를 지킨 변호사로 역사에 남았다. 그는 1986년 부천 경찰서 성고문 사건에서 피해자의 편에 서서 고발장을 썼다. 군사 독재에 저항하며 도피 생활을 하던 중에는 노동운동가 전태일 열사의 평전을 썼다. 이렇듯 그는 엘리트가 사회를 이끌어야 한다고 여기며 자신의 출세만을 생각하기 쉬운 세상에서 사람을 진정 사랑하는 변호사의 길을 묵묵히 걸었다. 이 땅의 어렵고 힘든 사람들을 위해 정의롭게 법을 사용했다.

최초의 여성 변호사인 이태영 변호사는 어려운 시기에 한국가정법률상담소를 만들었다. 또한 호주제를 폐지하기 위해 노력했으며, 사회적 약자였던 여성들의 고통을 어루만졌다. 이러한 노력 끝에 1989년 제3차 가족법 개정으로 남녀의 상속 지분 차별이 없어지고 이혼 여성의 재산 분할 청구권이 인정되었다. 가족법 개정의 중심에 섰던 이태영 변호사는 다음과 같은 말을 남겼다.

> 가족법이 개정되었습니다. 오백년 묵은 인간 차별의 벽이 무너졌습니다. … 주위의 많은 분들이 여성의 지위가 높아졌으니 축하한다고 말해 옵니다. 그러나 나는 그렇게 생각하지 않습니다. 여성이 새로운 것을 얻은 것은 아무것도 없습니다. 다만 '제자리'를 찾았을 따름입니다. 사람으로 태어났기에 사람 노릇하게 되었을 뿐입니다. 더군다나 가족법이 '여성법'은 아니지 않습니까. '가족 모두의 법'이잖습니까.
>
> - 한국가정법률상담소 〈가정상담〉 1990년 1월호

이렇듯 훌륭한 변호사들이 시민의 편에서 세상을 정의롭고 평등하게 만들기 위해 법의 정신을 실천해 왔다. 변호사가 되기 위해서는 변호사 자격을 취득해야 하기에 판사, 검사와 마찬가지로 로스쿨을 나와 변호사 시험에 합격해야 한다.

오늘도 변호사가 되고자 하는 많은 이들이 조영래 변호사와 이태영 변호사를 롤 모델로 삼아 꿈을 키우고 있다.

4장

사회법, 우리 삶을 돌보다

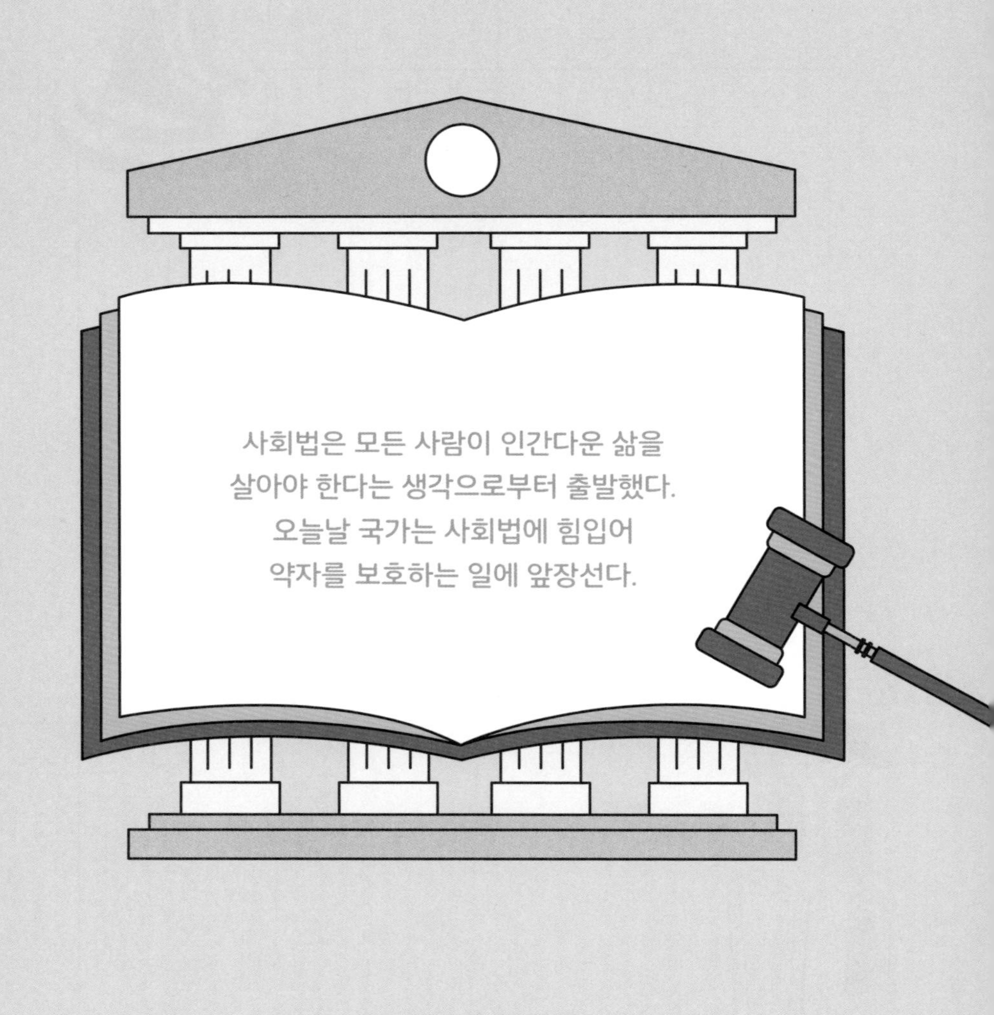
사회법은 모든 사람이 인간다운 삶을
살아야 한다는 생각으로부터 출발했다.
오늘날 국가는 사회법에 힘입어
약자를 보호하는 일에 앞장선다.

사회법에 얽힌 출생의 비밀

법의 세계는 공법과 사법의 세계였다. 공법은 헌법이나 형법, 행정법처럼 국가와 국민 사이의 법이고, 사법은 개인과 개인 사이의 법을 말한다. 여기에 이제는 사회법이 등장했다. 사회법은 사법의 영역에 국가와 사회가 개입하게 함으로써 새로운 법의 세계를 만들었다. 제3의 법이라고 부르기도 하는 사회법의 탄생을 알아보자.

산업혁명이 불러온 변화

자본주의라는 발명품은 인류의 역사에서 산업혁명과 함께 찾아왔다. 자유와 평등을 얻기 위한 혁명도 엄청난 변화를 가져왔지만, 산업혁명도 자본주의라는 새로운 경제 구조를 만들며 세상을

산업혁명과 자본주의

산업혁명은 대략 18세기 중후반부터 19세기 초반에 영국에서 시작된 경제적·기술적 혁신을 말한다. 산업혁명은 세상을 크게 바꾸었다. 그 예로 자본주의는 더 많은 이윤을 추구하도록 해 경제 성장을 이끌었지만 경제 불평등을 만들기도 했다.

바꿔 버렸다. 증기기관차에서 내뿜는 연기가 사람들에게 산업혁명의 시작을 알렸으며 대량 생산과 인구의 도시 집중을 불러왔다.

자본주의는 이윤을 좇는 것을 특징으로 한다. 자본주의의 발달로 인류의 삶은 예전보다 훨씬 풍요로워졌다. 하지만 소수의 생산수단을 소유한 자본가가 노동을 착취하고 이윤을 독점하려 하면서 인권을 짓밟기 시작했다.

극소수의 자본가들은 도시로 이주해 온 노동자들로 더 큰 부자가 될 수 있었다. 이미 값싼 노동력이었지만 일하려는 사람이 많아 임금을 더 많이 깎을 수 있었고, 비용을 아끼기 위해 오랜 시간 일을 시켰다. 반면에 대다수의 노동자는 더욱 가난해졌으며 장시간 노동으로 각종 질병에 시달려야 했다. 밤에도 몸을 누일 곳이 없어 밧줄에 기대 잠을 청했다.

1883년 미국의 잡지 〈퍽〉에 실린 한 컷짜리 만화로, 수많은 노동자 위에 배를 불린 자본가들의 모습을 풍자했다.

성냥팔이 소녀와 굴뚝 청소부

지옥 같은 노동은 어린아이들도 예외가 아니었다. 아이들은 어른들처럼 공장에서 오랜 시간을 일해야 했고 제대로 된 임금을 받기는커녕 학대를 받았다. 비용을 줄이기 위해 네 살배기조차 노동에 투입되었다.

덴마크의 작가 한스 안데르센이 쓴 동화 중에 《성냥팔이 소녀》가 있다. 매서운 눈발이 휘날리는 겨울, 맨발의 소녀가 성냥을 팔지만 사는 사람이 없어 추위 속에 죽음을 맞이한다는 이야기이다. 성냥팔이 소녀의 이야기는 실제로 산업혁명 시대에 일어났던 일을 배경으로 했다.

당시 성냥 공장에서 일했던 소녀들은 조금도 쉴 수 없었다. 허락 없이 화장실에 다녀올 수 없었으며 규칙을 위반하면 벌금을 내야 했다. 종일 일하고도 돈 한 푼 받지 못하는 경우도 많았다.

과거 성냥 공장에서는 백린이라는 유독성 물질로 성냥을 만들었다. 소녀들은 환기도 안 되는 공장 안에서 마스크 같은 보호 장비 없이 유독성 물질에 그대로 노출되었다. 아래턱이 주저앉고 얼굴이 흉측하게 변했으며 결국에는 죽음을 맞이했다. 공장에서는 조금이라도 얼굴이 까맣게 변하는 모습이 보이면 성냥을 쥐어 주고는 소녀를 내쫓아 버렸다. 산업재해를 숨기기 위해서였다.

성냥 공장만의 문제가 아니었다. 영국의 시인 윌리엄 블레이크는 자신의 시로 끔찍한 아동 노동을 비판했다. 어린아이가 비좁은 굴뚝에 들어가서 검댕을 치우다가 빠져나오지 못해 불타 죽거나 숨 막혀 죽는 현실을 고발한 것이다. 암을 일으키는 물질이 가득한 굴뚝에서 일해야 했기에 살아남더라도 병으로 오래 살지 못했다. 블레이크가 1797년에 쓴 〈굴뚝 청소부〉는 엄마가 죽고 말도 못하는 어린 나이에 팔려 갔다가 굴뚝 청소부로 일하며 검댕 속에서 잠을 자는 어린아이의 모습을 담고 있다.

산업재해

산업재해란 업무상의 이유로 노동자에게 생긴 신체적·정신적 피해를 말한다. 산업재해를 예방하고 쾌적한 작업 환경을 만들기 위해 사업장의 안전과 보건에 관한 기준을 정하는 산업안전보건법이 시행되고 있다.

날이 갈수록 노동자의 삶은 비참해졌고 자본가의 욕심은 끝이 없었다. 사회적 약자와 노동자의 삶에 인간이라면 당연한 기본권을 실현하기 위한 방법이 절실하게 필요했다. 사회법은 인간의 존엄을 지키며 모든 사람이 인간다운 삶을 살아야 한다는 신념으로부터 출발했다.

즐겁고 안전하게 일하기 위해

조선 시대에 아름다운 백자를 구워 내던 도공에게 노동은 신성한 것이었을까? 인간과 일은 떼려야 뗄 수 없는 관계에 있다. 일은 우리 삶에서 다양한 의미를 지닌다. 우리는 일을 하며 먹고사는 문제를 해결하고, 새로운 미래를 꿈꾸며, 인류의 발전에 이바지한다.

2022년에 쏘아 올린 다누리호는 우리나라 최초의 달 탐사선이다. 과학자들이 매일 연구에 매진하지 않았다면 다누리호 발사는 성공하지 못했을 것이다. 물건을 주문하면 며칠 만에 받을 수 있는 일상생활의 편리함도 택배 기사가 우리에게 빠르게 물건을 배달해 주지 않는다면 누릴 수 없다.

일과 직업은 역사의 발전과 함께 끊임없이 변화했고 앞으로도 달라질 것이다. 세상이 변하면서 인기를 끌었던 직업이 없어지기도 한다. 산업혁명 시기에 아침마다 피곤에 지친 노동자를 깨워주던 직업은 오늘날 사라졌다. 당시 중요한 교통수단이었던 말의 똥을 치우는 직업도 마찬가지이다. 언젠가 화성이나 달로 여행을 떠나는 미래에는 우주정거장이 새로운 일터가 되고 우주 비행사와 승무원이 인기 직업이 될지도 모른다.

노동자의 힘, 노동자의 권리

취미가 일이 되는 경우가 있다. 예를 들어 야구는 동네에서 재미로 하는 사람에게는 취미이지만, 프로 야구에서 경기를 뛰는 선수에게는 일이다. 따라서 프로 야구 선수는 구단에서 일정한 수입을 보장받으며 경기에서 이기기 위해 많은 훈련을 거듭한다.

오늘날 우리는 정보 통신 기술의 발달에 힘입어 4차 산업혁명의 시기를 지나고 있다. 일과 직업에 대한 고민을 새롭게 해야 할 때라 할 수 있다. 동시에 지난 산업혁명의 비극을 되풀이하지 않기 위해 헌법에 보장된 노동의 권리가 제대로 지켜지도록 노력해야 한다.

헌법 제32조

① 모든 국민은 근로의 권리를 가진다. 국가는 사회적·경제적 방법으로 근로자의 고용의 증진과 적정임금의 보장에 노력

자명종이 없던 시절, 매일 같은 시각에 막대기로 사람들을 깨워 주던 직업을 '노커업'이라 불렀다.

하여야 하며, 법률이 정하는 바에 의하여 최저임금제를 시행하여야 한다.

헌법은 일할 권리를 분명히 하고 있다. 다시 말해 우리에게는 일자리를 구하고 인간다운 생활을 위한 최저임금을 받을 권리가 있는 것이다. 만약 일하고 싶은 사람은 많은데 일자리가 없다면 국가는 고용을 늘리기 위해 구체적인 방안을 마련해야 한다.

헌법 제33조

① 근로자는 근로조건의 향상을 위하여 자주적인 단결권·단체교섭권 및 단체행동권을 가진다.

헌법 제33조에는 노동자의 힘이라 할 수 있는 노동삼권이 나와 있다. 헌법은 왜 노동삼권을 보장할까? 산업혁명 시기의 영국에는 단결금지법이 있었다. 두 사람이 만나서 이야기만 나누어도 금지행위로 여겨졌고 자본가와 노동자는 마치 주인과 하인처럼 대등하지 않았다. 이와 같은 악법은 결국 엄청난 저항을 맞으며 역사의 뒤안길로 사라졌다.

한 사람은 집단보다 힘이 약할 수밖에 없다. 따라서 노동자는 홀로 자신을 고용한 사용자에게 대항하기가 쉽지 않다. 예를 들어 폐기물로 둘러싸인 작업 환경을 개선해 달라고 말하는 데에는 일자리를 잃을 각오를 해야 한다. 일자리를 잃는 것은 당장 먹고사는 문제로 이어진다. 결국 아무도 말을 꺼내지 못하게 된다. 그동안 많은 노동자는 목숨과 건강을 담보로 일해야 했다. 노동자는 하나가 아니라 우리가 되어야 한다. 단결은 노동자의 가장 큰 힘이다.

헌법에 보장된 노동삼권은 실제로 노동자의 단결로부터 시작되었다. 수많은 노동자의 피와 눈물로 얻어 낸 소중한 권리인 것이다. 노동삼권 덕분에 오늘날 노동자는 비로소 사용자와 대등한 위치에서 협상에 임하며 자신의 권리를 힘 있게 주장할 수 있다.

잊지 말자! 노동삼권

노동삼권은 단결권, 단체교섭권, 단체행동권으로 이루어져 있다.

첫째, 단결권은 노동자가 사람을 모아 노동조합을 만들고 활동할 수 있는 권리를 말한다. 언론은 언론끼리, 은행은 은행끼리 모여서 더 큰 힘을 가진 산업별 노동조합을 만들 수도 있다. 노동조합을 만드는 이유는 강자의 권력과 자본 앞에서 약자인 개별 노동자를 보호하고 권리를 실현하기 위해서이다. 노동조합은 노동자의 경제적·사회적 지위를 높이려고 노력해야 한다.

노동자는 자유롭게 자신의 의사에 따라 노동조합에 가입할 수 있다. 만약 회사가 노동조합을 만들지 못하게 방해하거나 가입을 막는다면 어떻게 될까? 이는 헌법에 보장된 권리를 침해하는 것으로 중대한 불법행위가 된다.

둘째, 단체교섭권은 노동조합이 주체가 되어 노동자의 요구사항을 회사 측과 교섭할 수 있는 권리를 말한다. 교섭은 사전에 '어떤 일을 이루기 위해 서로 의논하고 절충하는 것'이라 나와 있다. 말 그대로 노동자는 단체교섭권을 통해 근로 조건이나 임금 등에 대해 협상할 수 있다. 사실상 노동조합의 목적과 기본 활동은 단체교섭을 통해 이루어진다고 봐야 한다. 만약 사용자가 정당한 이유 없이 단체교섭에 응하지 않을 경우에는 부당노동행위가 된다.

단체교섭이 원만하게 이루어지면 사용자와 노동자는 단체협약을 체결한다. 반대로 단체교섭이 잘되지 않았을 때 노동조합은 다음의 단체행동권을 행사할 수 있다.

셋째, 단체행동권은 노동조합의 요구를 온 힘을 다해 이루어내겠다는 의지를 행동으로 직접 보여 주는 것이다. 그 예로 노동자는 파업이나 태업, 합법적 시위를 할 수 있다. 파업은 노동자들이 동시에 일을 중단하는 것이며, 태업은 그야말로 느리게 일하는 것을 말한다. 그리고 시위란 광장처럼 사람이 모이는 곳에서 일반 시민에게 노동조합의 요구를 알리는 것이다.

노동삼권은 대한민국 헌법에서 보장하는 노동자의 기본 권리이다.

나이가 어려도 일할 수 있을까?

일을 하고 싶다고 해서 누구나 일을 할 수 있는 것은 아니다. 예를 들어 만 19세 미만의 미성년자는 취업이 가능할까? 올해 9세인 초등학생 A가 아르바이트를 구한다고 해 보자. 우리나라 근로기준법에서 일을 할 수 있는 가장 어린 나이는 15세이다. 따라서 A의 아르바이트는 금지된다.

근로기준법 제64조

① 15세 미만인 사람은 근로자로 사용하지 못한다. 다만, 대통령령으로 정하는 기준에 따라 고용노동부장관이 발급한 취직인허증을 지닌 사람은 근로자로 사용할 수 있다.

드라마나 광고를 보면 15세가 안 된 아역 배우들이 나오는데, 이 경우에는 취직인허증을 발급받았기 때문에 출연이 가능하다. 15세 이상이더라도 18세까지는 부모의 동의가 필요하다. 또한 청소년에게 유해한 일은 불법으로 금지된다.

예를 들어 광산에서 광물을 캐거나 바다 깊숙이 잠수를 하거나 노래방에서 일하는 것은 할 수 없다. 또한 청소년 노동자가 일하다가 다쳤다면 치료와 보상을 해야 한다.

법이 이토록 미성년자의 노동에 제한을 두는 것은 무엇 때문일까? 주디 갈랜드는 13세 때 〈오즈의 마법사〉에서 주인공을 맡

영화 〈오즈의 마법사〉에서 주인공 도로시를 연기한 갈랜드(맨 왼쪽)

아 세계적인 스타가 되었다. 이 영화를 찍을 당시 계속된 촬영에 갈랜드가 힘들어하자 영화 관계자들은 각성제를 먹였고, 촬영이 끝나면 다음 날 컨디션을 위해 수면제를 먹였다.

갈랜드는 어릴 때부터 일을 했지만 무엇이든 어머니가 결정했다. 더 많은 일을 하기 위해 영화사와 어머니의 학대에 시달린 갈랜드는 결국 약물 중독으로 사망했다. 세계적인 스타였던 갈랜드의 삶은 인기와 상관없이 불행했다. 이와 같은 안타까운 사례가 아니더라도 미성년자의 노동은 엄격히 보호되어야 한다.

최저임금은 근로자에게 그 밑으로는 지급하지 말라고 정한 임금의 액수이다. 나이가 어린 노동자라 하더라도 최저임금보다 적은 액수로 계약하는 것은 당연히 불법이다. 몸담은 분야와 상관없이 모든 노동자에게 해당하는 최저임금은 반드시 지켜야 하는 임금의 하한선이다.

잠깐 아르바이트를 하더라도 근로 계약서는 필수이다. 근로 계약서를 작성할 때 가장 중요한 것 역시 임금이다. 근로기준법에서는 반드시 정해진 날짜에 '돈'으로 직접 노동자에게 임금을 지급하도록 하고 있다. 따라서 사용자 마음대로 아무 때나 임금을 지급하는 것은 법으로 금지된다.

근로기준법에 따라 임금에도 시효가 있다. 노동자가 밀린 임금의 지급을 청구할 수 있는 임금채권은 3년 동안 행사하지 않으면 소멸한다. 노동자 역시 권리를 가진 주인으로서 권리 위에 깨어 있어야 한다. 임금 지급을 청구할 때는 전화나 문자보다는 나중에 증거로 쓸 수 있도록 우체국장이 보증하는 내용증명우편을 이용하는 것이 안전하다.

직장 내 괴롭힘은 이제 그만

일하고 있는 곳에서 괴롭힘과 왕따, 욕설과 폭언 등을 겪는다면 어떻게 해야 할까? 뉴스를 보면 직장 내 괴롭힘으로 정신적·육체적 고통에 시달리다가 목숨을 잃는 일이 벌어지곤 한다.

앞서 살펴본 갈랜드도 〈오즈의 마법사〉를 찍는 동안 동료 배우와 감독으로부터 잦은 무시와 폭언 등 지속적인 괴롭힘을 받았다. 만약 이때 미성년자의 노동을 엄격하게 보호하고 괴롭힘을 금지하는 법이 있었다면 어땠을까?

직장 내 괴롭힘은 한 개인의 문제가 아니라 우리 사회 전체의 문제이다. 더는 방치할 수 없다는 사회적 인식에 따라 2019년 근로기준법에 조항이 신설되었으며 직장 내 괴롭힘은 법으로 금지되었다.

직장 내 괴롭힘은 발생 사실을 알게 된 누구든지 그 사실을 사용자에게 신고할 수 있다. 사용자는 신고를 받거나 직장 내 괴롭힘을 알게 되었을 경우에 지체 없이 당사자를 대상으로 사실 확인을 위한 조사를 해야 한다. 또한 피해자를 보호하기 위해 필요한 경우에는 근무 장소의 변경, 유급휴가 명령 등 적절한 조치를 취해야 하며, 가해자에게는 징계 같은 처분을 내리는 것을 고려해야 한다.

직장 내 괴롭힘은 동료나 부하 직원을 괴롭히는 것으로 끝이 아니다. 사실상 인간의 존엄을 말살하는 행위이며 법으로 금지된 불법행위이다. 직장은 누군가를 괴롭히거나 왕따를 만들기 위해 다니는 곳이 아니다. 직장 생활은 서로를 존중하는 것으로부터 시작되어야 한다.

최소한의 안전망, 사회보장법

우리는 태어나서 하나의 생애를 이어 간다. 삶이 늘 꽃밭일 수는 없다. 때로는 비바람이 몰아치고 눈보라 속에 홀로 고립되기도 한다. 그런데 이런 일이 꼭 약자에게만 일어나는 것은 아니다. 인간이기에 늘 예기치 못한 위험과 위기가 삶에 때때로 찾아온다. 그래서 한번 바닥으로 떨어졌다고 다시 일어서기를 허락하지 않는 사회는 잔인하다. 이런 사회에서 인간의 존엄은 무시되기 쉽다.

아무리 열심히 일해도 늘 가난에 허덕이는 사람이 많다. 이는 우리 사회가 과연 정의로운지에 대한 의문을 품게 한다. 빈곤은 우리 모두의 문제이다. 부자일수록 더욱 부유해지고 가난한 사람일수록 더욱 가난해지는 부익부 빈익빈 현상은 부가 어디서 와서 어디로 가는가에 대한 물음을 던진다. 모두가 인간답게 살기 위해 해야 할 일은 무엇일까?

인간다운 삶을 향한 노력

대한민국 헌법이 꿈꾸는 사회는 모두가 행복한 세상이다. 헌법에 보장된 인간의 존엄과 행복이 실현되려면 위기의 순간에 도움을 건네는 손길이 준비되어 있어야 한다. 그 따뜻한 손길은 복지 정책일 수도 있고, 다각적인 지원을 통한 재분배일 수도 있다. 그중에서도 사회보장법은 만물을 보듬는 햇살처럼 우리에게 다가온다. 사회법의 핵심 중의 하나가 우리 모두의 인간다운 생활이며, 이를 보장해 주는 것이 사회보장법이기 때문이다.

재활용 종이를 수거하는 할머니가 계셨다. 일주일에 한 번은 할머니께 그동안 모은 종이를 드린 뒤, 이야기를 나누곤 했다. 할머니와 함께 의자에 앉아서 햇볕을 쬘 때면 빈곤의 그늘은 멀어지는 것처럼 보였다. 같은 하늘 아래, 같은 햇빛을 맞으며 앉아 있는 순간만큼은 모두가 평등했기 때문이다. 그러나 의자에서 일어나면 할머니에게는 또다시 빈곤의 그늘이 짙게 드리웠다.

오늘날 빈곤은 혐오의 대상이 되고 있다. 국가로부터 생활비를 받는 기초 생활 수급자를 줄여 '기생수'라고 부르는 표현이 대표적이다. 빈곤이 무시와 경멸로까지 이어진다면 정의는 이 땅에 설 자리를 잃어버릴 것이다. 부자와 부자가 아닌 사람을 나누며 자본주의의 그림자를 더 짙게 만드는 것은 우리 모두에게 결국

서울역 앞의 노숙자들. 빈곤의 굴레에서 벗어나기 위해서는 사회의 관심과 지원이 필요하다.

고통으로 돌아온다. 서울역에 가면 어김없이 마주치는 노숙자도 소중한 우리 국민이며 함께 세상을 살아가야 할 이웃이다.

사회보장법은 모든 국민이 자신의 능력을 발휘하며 살 수 있도록 경제적·사회적 약자에 대한 관심을 촉구한다. 사회보장법에서 '사회보장'이란 출산, 양육, 실업, 노령, 장애, 질병, 빈곤, 사망 같은 사회적 위험으로부터 국민을 보호하고 삶의 질을 높이는 데 필요한 사회보험, 공공부조, 사회서비스를 말한다.

최소한의 생활을 책임집니다

우리 사회에는 아직도 경제적 어려움과 굶주림으로 세상을 떠나는 일들이 벌어진다. 2022년 경기도 수원시의 다세대 주택에서 세 모녀가 숨진 채 발견되었다. 이들 세 모녀는 암과 난치병으로 투병 중이었으며 생활고가 극심했던 것으로 알려졌다.

세 모녀는 제대로 된 복지 혜택을 받지 못했다. 이들에게 도움을 주는 친척이나 이웃도 없었다. 모두의 외면 속에서 막다른 골목에 몰려 결국 죽음을 택하는 일이 우리 사회에 계속 일어난다면 아무리 부유한 나라가 된다 한들 고개를 들 수 없을 것이다.

어떻게 나누며 살 것인가를 고민할 때 성숙한 시민의식이 꽃피워진다. 따라서 우리는 이들의 죽음에 대해 사회적 책임을 물어야 한다. 굶주리는 사람, 경제적 어려움으로 삶을 포기하는 사람에게 당장 먹을 것과 잘 곳을 보장해야 한다.

우리나라는 공공부조에 해당하는 제도를 법으로 마련해 놓았다. 공공부조란 생활을 유지할 능력이 없거나 형편이 어려운 사람에게 최소한의 생활을 보장하는 제도이다. 감당하기 힘든 위기에 처한 사람들에게 내미는 마지막 손길 같은 역할을 한다고 할 수 있다.

공공부조의 사례로 우리나라는 국민기초생활 보장법을 시행하고 있다. 이 법은 형편이 어려운 사람에게 필요한 급여를 지급해 인간다운 생활을 보장하고 자활을 돕는 것을 목적으로 한다. 이 법의 대상이 되는 이를 수급자라 부른다. 수급자는 단순히 생활비를 지원받는 것에 그치지 않고 자기 힘으로 살아가기 위해 노력해야 한다.

이 밖에도 긴급 복지 지원 제도, 장애인연금 제도, 의료급여 제도 등이 있다. 요즘에는 이혼율 증가로 어려운 가정 형편 속에서 아이를 키우며 일하는 한 부모 가족을 위한 제도 등 다각적인 복지 시스템이 마련되고 있다.

우리나라 헌법 제34조 제2항은 "국가는 사회보장·사회복지의 증진에 노력할 의무를 진다."라고 규정하고 있다. 사회보장에는 공공부조 말고도 사회보험이 있다. 사회보험은 개인이 일상에서 겪을 수 있는 질병이나 실업 등에 대비해 정부가 강제로 운영하는 보험 제도를 말한다. 이른바 '4대 보험'이라 부르는 국민연금, 건강보험, 고용보험, 산재보험이 여기에 들어간다. 사회보험은 국가가 국민의 앞날을 준비하는 것으로, 사회 구성원에 대한 공적이며 사회적인 부양이라 할 수 있다.

함께할 때 가장 인간다운 법

우리가 뉴스로 접하는 불행하고 안타까운 참사는 대부분 막을 수 있던 인재인 경우가 많다. 복지의 사각지대에서 한 사람이라도 비참한 죽음을 맞아서는 안 되기에 사회법은 소중하다. 사람을 중심으로 하는 따뜻하고 고마운 사회를 향해 더 힘차게 나아가야 한다.

사회법은 약육강식이 되어 가는 현대 사회에서 약자를 보호하기 위해 만들어졌다. 노동, 빈곤 등 그 영역이 점점 더 확대되면서 오늘날에는 우리 사회에 매우 중요한 법으로 자리 잡았다. 우리는 사회법을 통해 인간다운 삶에 대한 희망을 품을 수 있다. 사회법이 현실에서 제대로 뿌리를 박고 모두가 행복으로 환하게 피어나는 세상을 꿈꾸어 본다.

우리는 항상 숨을 쉬며 살아가듯이 법과 함께 살아가고 있다. 법은 어렵고 멀리 있다는 선입견이 우리와 법의 관계를 가로막았는지도 모른다. 새로운 희망이 가득한 미래에서 법은 우리의 힘이며 자랑이어야 한다. 현실의 한가운데서 법이 어렵다고 멀리하지 말고 법과 친구가 되어야 한다.

법은 우리 모두를 주인공이라고 부른다. 주인공인 우리 하나하나가 소중한 존재이며 전 우주보다 무거운 가치를 지녔다. 우리가 주인공인데 누구에게 법의 정의를 맡기겠는가? 법은 본래의 목적대로 정의를 실현해야 한다. 우리는 주인공으로서 직접 법의 가치를 실현하고 법이 악용되지 않도록 감시해야 한다. 법을 알게 될수록 그동안 한 번도 만나보지 못한 새로운 세상을 만나게 될 것이다.

진로 찾기 노무사

회사의 사용자와 노동자는 서로 협력해야 하지만 일을 하다 보면 서로의 입장이 부딪치는 경우가 많다. 이럴 때 법률 전문가가 나서서 문제를 상담하고 둘 사이의 대립을 조정해 준다면 원만하게 갈등을 해결할 수 있을 것이다. 이런 역할을 하는 직업이 바로 노무사이다. 노무사는 직장에서 생기는 노사 문제를 효율적으로 처리하며, 노동자들이 겪는 불이익과 어려움에 도움을 주는 전담 해결사라 할 수 있다.

노무사의 일은 다른 전문직과 다르게 근로 계약, 노동자와 사용자 사이의 갈등에 집중되어 있다. 회사에 들어가서 나오기까지 여러 가지 일이 일어난다. 때로는 예기치 못한 상황에서 당연한 권리조차 보호받지 못할 때가 많다. 수많은 노동 현장에서 발생하는 분쟁에 전문가의 도움이 필요할 수밖에 없다. 분쟁이 길어질수록 사용자와 노동자가 입는 손해가 늘어나기에 오늘날 노무사의 역할은 더욱 중요해지고 있다.

노무사는 원활한 노사관계를 유지하기 위해 노력한다. 노동자와 사용자의 입장 차이를 줄여 대화의 물꼬를 트는 것이다. 또한 노동자들은 노동 조건의 개선뿐만 아니라 회사 측의 부당한 요구나 해고, 업무상 손실, 산업재해, 직장 내 괴롭힘 같은 문제가 생겼을 때 노무사를 찾아갈 수 있다. 이런 문제들에 대해서 상담하고 해결 방안을 함께 고민하는 노무사는 사용자와 노동자에게 꼭 필요한 존재이다.

노무사의 법률 서비스를 받기 위해서는 수임료를 내야 한다. 임금이 낮은 노동자에게는 수임료가 커다란 부담이 될 수 있다. 따라서 우리나라에서는 국선노무사 제도를 시행하고 있다. 국선노무사 제도란 노동위원회에서 노무사를 선임해 법률 서비스를 무료로 제공하는 제도이다. 노동자가 정당한 이유 없이 해고나 징계 등 불이익을 받게 된 경우, 비정규직 노동자가 합리적인 이유 없이 차별받는 경우에 권리를 구제받도록 하기 위해서이다. 국선노무사 제도로 어려움에 처한 노동자는 비용에 대한 부담 없이 노무사에게 도움을 받을 수 있다.

노무사는 노동자와 사용자처럼 다양한 이해관계에 있는 사람들과 소통하고 갈등 상황을 중재해야 하기 때문에 대화를 잘 이끌고

설득하는 능력이 있으면 좋다. 또한 법률에 대한 폭넓은 지식을 갖추는 것이 필요하다. 노무사가 되기 위해서는 노동법이나 인사 관리, 경영학 등 관련 분야를 공부하고 노무사 시험에 합격해야 한다.

진로 찾기 고용노동부 공무원

고용노동부는 다 함께 잘 살아가기 위한 노사관계를 만들고 양질의 일자리를 창출하며 직장에서의 성평등, 안전 교육, 쾌적한 작업 환경 등 국민의 노동과 관련된 업무를 수행하는 행정기관이다.

국가 정책이 조금만 바뀌어도 국민들은 현실에서 엄청난 변화를 실감한다. 따라서 행정부 공무원에게 가장 중요한 일은 국민의 목소리를 듣는 것이다. 특히 고용노동부에서 일한다면 노동자들의 생명과 안전에 관한 사항이 현장에서 잘 지켜지고 있는지를 늘 확인해야 한다. 정책을 만들 때는 나라의 미래와 함께 노동자의 고통을 해소하기 위한 고민이 필요하다.

공무원은 작게는 서류 처리부터 크게는 정책 집행까지 다양한 업무를 해낸다. 공무원은 국민의 세금으로 월급을 받고 생활과 밀

접한 서비스를 제공하는 만큼 자신이 담당하는 업무의 중요성과 영향을 늘 명심해야 한다. 또한 스스로 자부심을 가지고 국가의 앞날과 국민의 행복을 위해 일하고 있다는 마음가짐이 중요하다.

기술이 빠르게 발전하고 있는 만큼 노동 시장은 앞으로 엄청난 변화를 거듭할 것이다. 따라서 고용노동부 공무원을 꿈꾸고 있다면 현재뿐만 아니라 변화하는 세상에 대비할 수 있는 지식과 안목을 갖추어야 한다. 새로운 세상에서 요구될 직업과 능력을 섬세하게 그려 보고 부작용을 미리 짐작할 수 있어야 한다.

고용노동부 공무원의 일은 노동자의 생명과 신체 안전을 지키는 데 있다. 철근이 떨어져 다치거나 독성 물질이 새어 나와 질병을 얻는 등 노동 현장에서 일어나는 불행한 사고가 더는 없어야 한다.

고용노동부 공무원은 공무원 시험을 통해 채용된다. 다른 공무원과 마찬가지로 필기시험에 합격한 후 면접을 통과해야 공무원으로 임용될 수 있다. 다만 국가공무원법에 따라 응시 자격이 정지되지 않은 사람이며 대한민국 국적이 있어야 한다.

미래의 노동은 고통과 희생이 아니라 삶에 기쁨을 주는 것이어야 한다. 모든 국민이 일할 권리를 안전하게 누릴 수 있도록 고용노동부 공무원의 역할은 더욱 중요해질 것이다.

하고 싶은 일을 하려면 무엇을 준비해야 할까?
관심 있는 직업을 직접 조사해 보자.

나의 관심사	
나의 성격	
좋아하는 공부	
내가 되고 싶은 직업	
이 직업이 하는 일	❶ ❷ ❸ ❹ ❺

진출 분야	
필요한 능력	
해야 할 공부 및 활동	
관련 자격증	
이 직업의 롤 모델	

참고 자료

도서

- 김형배·박지순 지음, 《노동법강의》, 신조사, 2022
- 노명식 지음, 《프랑스 혁명에서 파리 코뮌까지, 1789~1871》, 책과함께, 2011
- 루돌프 폰 예링 지음, 박홍규 옮김, 《법과 권리를 위한 투쟁》, 문예출판사, 2022
- 마이클 샌델 지음, 이창신 옮김, 《정의란 무엇인가》, 김영사, 2010
- 박지훈 지음, 《사회복지 공무원이 설명하는 국민기초생활보장제도》, 북랩, 2019
- 샤를 루이 드 스콩다 몽테스키외 지음, 이재형 옮김, 《법의 정신》, 문예출판사, 2015
- 양형우 지음, 《민법입문》, 피앤씨미디어, 2016
- 윌리엄 블레이크 지음, 김천봉 옮김, 《경험의 노래: 윌리엄 블레이크 시선 II》, 글과글사이, 2017
- 임웅 지음, 《형법총론》, 법문사, 2014
- 장 자크 루소 지음, 이재형 옮김, 《사회계약론》, 문예출판사, 2013
- 정약용 지음, 박석무·이강욱 옮김, 《역주 흠흠신서 1~3》, 한국인문고전연구소, 2019
- 정약용 지음, 오세진 옮김, 《다산의 법과 정의 이야기》, 홍익출판미디어그룹, 2021
- 존 스튜어트 밀 지음, 박홍규 옮김, 《자유론》, 문예출판사, 2022
- 찰스 디킨스 지음, 유수아 옮김, 《올리버 트위스트》, 현대지성, 2020
- 천종호 지음, 《호통판사 천종호의 변명》, 우리학교, 2018
- 체사레 베카리아 지음, 김용준 옮김, 《베카리아의 범죄와 형벌》, 이다북스, 2022
- 한수웅 지음, 《헌법학》, 법문사, 2022

기사

- 〈[강진구의 고전으로 보는 노동이야기] (10) 성냥공장 아동착취 고발…163년 지나도 노동 참극은 현재진행형〉, 경향신문, 2018.12.22
- 〈음울한 자본주의…1833년 공장법〉, 서울경제, 2017.08.29
- 〈[주영진의 뉴스브리핑] 뱃속에 3개월 방치된 수술 도구…황당한 병원 반응〉, SBS, 2018.08.08

웹사이트

- 경찰청 www.police.go.kr
- 대법원 www.scourt.go.kr
- 대한민국 정책브리핑 www.korea.kr
- 대한법무사협회 kjaar.kabl.kr
- 서울대학교 법학전문대학원 law.snu.ac.kr
- 한국가정법률상담소 lawhome.or.kr
- 한국공인노무사회 www.kcplaa.or.kr
- 헌법재판소 www.ccourt.go.kr

사진과 인용문 출처

- 39쪽 Fondo Antiguo de la Biblioteca de la Universidad de Sevilla from Sevilla, España / Wikimedia
- 57쪽 Wei-Te Wong / Flickr
- 96쪽 한국학중앙연구원 / 공공누리
- 115쪽 Folger Shakespeare Library / Look and Learn
- 138쪽 〈가정상담〉 1990년 1월호 / 한국가정법률상담소
- 148쪽 Nationaal Archief / Flickr

교과 연계

▶ 중학교

사회 1

IX. 정치 생활과 민주주의

2. 민주 정치의 발전과 민주주의

3. 민주 정치와 정부 형태

X. 정치 과정과 시민 참여

1. 정치 과정과 정치 주체

2. 선거와 선거 제도

XI. 일상생활과 법

1. 법의 의미와 목적

2. 다양한 생활 영역과 법

3. 재판의 종류와 공정한 재판

사회 2

I. 인권과 헌법

1. 인권 보장과 기본권

2. 인권 침해와 구제

3. 근로자의 권리와 보호

II. 헌법과 국가 기관

1. 국회

2. 대통령과 행정부

3. 법원과 헌법 재판소

도덕1

III. 사회·공동체와의 관계

1. 인간 존중

도덕2

1. 도덕적 시민

2. 사회 정의

역사1

IV. 제국주의 침략과 국민 국가 건설 운동

1. 유럽과 아메리카의 국민 국가 체제

2. 유럽의 산업화와 제국주의

역사2

VI. 근·현대 사회의 전개

1. 국민 국가의 수립

3. 민주주의의 발전

▶ 고등학교

정치와 법

Ⅰ. 민주주의와 헌법

1. 민주주의와 법치주의
2. 헌법의 의의와 기본 원리
3. 기본권의 보장과 제한

Ⅱ. 민주 국가와 정부

2. 권력 분립과 국가 기관

Ⅲ. 정치 과정과 참여

2. 선거와 선거 제도

Ⅳ. 개인 생활과 법

1. 민법의 이해
2. 재산 관계와 법
3. 가족 관계와 법

Ⅴ. 사회 생활과 법

1. 형법의 이해
2. 형사 절차와 인권 보장
3. 근로자의 권리 보호

통합사회

Ⅳ. 인권 보장과 헌법

1. 인권 확대의 역사
2. 헌법의 인권 보장과 시민 참여
3. 인권 문제의 양상과 해결 방안

Ⅵ. 사회 정의와 불평등

3. 다양한 불평등 문제와 해결 방안

사회문화

Ⅳ. 사회 계층과 불평등

4. 사회 복지와 복지 제도

다른 인스타그램

뉴스레터 구독

내가 법을 새로 만든다면

국민주권부터 헌법재판까지 미래를 여는 법 이야기

초판 1쇄 2024년 12월 23일

지은이 이지현

펴낸이 김한청
기획편집 원경은 차언조 양선화 양희우 유자영
마케팅 정원식 이진범
디자인 이성아 황보유진
운영 설채린

펴낸곳 도서출판 다른
출판등록 2004년 9월 2일 제2013-000194호
주소 서울시 마포구 동교로27길 3-10 희경빌딩 4층
전화 02-3143-6478 **팩스** 02-3143-6479 **이메일** khc15968@hanmail.net
블로그 blog.naver.com/darun_pub **인스타그램** @darunpublishers

ISBN 979-11-5633-659-4 44000
979-11-5633-250-3 (세트)

다른 생각이
다른 세상을 만듭니다